WTB

BAND 23

Rolf Schöllner

Die Oxydation organischer Verbindungen mit Sauerstoff

Mit 6 Abbildungen, 8 Tabellen
und 129 Formelbildern

AKADEMIE-VERLAG · BERLIN

1964

Reihe CHEMIE
Herausgegeben im Auftrage der Sektion Chemie
bei der Deutschen Akademie der Wissenschaften zu Berlin

von:
Prof. Dr. H. Klare, Teltow-Seehof,
Prof. Dr.-Ing. Dr. h. c. E. Leibnitz, Berlin,
Prof. Dr.-Ing. Dr. h. c. K. Schwabe, Dresden,
Prof. Dr. Dr. h. c. E. Thilo, Berlin

Verantwortlicher Herausgeber dieses Bandes:
Prof. Dr.-Ing. Dr. h. c. E. Leibnitz

Verfasser:
Dr. R. Schöllner,
Institut für chemische Technologie
der Karl-Marx-Universität Leipzig

Erschienen im Akademie-Verlag GmbH,
Berlin W 8, Leipziger Straße 3 – 4

Lizenznummer: 202 · 100/565/64
Gesamtherstellung: VEB Druckhaus „Maxim Gorki“, Altenburg
Bestellnummer: 7023
ES 18 C 5
Preis: MDN 8,–

Vorwort

Das vorliegende Buch hat nicht die Aufgabe, einen umfassenden Überblick über das weitreichende und im letzten Jahrzehnt stark bearbeitete Gebiet der Oxydationsreaktionen mit Sauerstoff zu geben. Es trägt nicht den Charakter einer Monographie.

Aus der Mannigfaltigkeit des Tatsachenmaterials wurden wichtige, relativ abgeschlossene Gebiete, die auf Grund ihrer theoretischen und praktischen Bedeutung hervortreten, zur Darlegung der allgemeinen Gesetzmäßigkeiten herausgegriffen.

Die Vielzahl der Oxydationen heterocyclischer Verbindungen konnte nicht berücksichtigt werden. Ebenfalls wurden die Umsetzungen der Terpene mit Sauerstoff nicht gesondert behandelt. Es wurde versucht, die Gesetzmäßigkeiten der radikalischen, photochemischen und ionischen Oxydation, der Flüssigphasen- und — wenn auch nur skizzenhaft — der Gasphasenoxydation, an Hand ausgewählter experimenteller Arbeiten darzulegen.

Die im Literaturverzeichnis angeführten Arbeiten sind in ihrer Mehrzahl Übersichtsartikel. Sie gestatten dem weitergehend Interessierten das Eindringen in die Originalliteratur.

Ein besonderes Anliegen war es mir, die Ergebnisse der Wissenschaftler unserer Republik hervorzuheben, da gerade auf dem Gebiete der Oxydationsreaktionen mit Sauerstoff die Veröffentlichungen der Arbeitskreise von A. Rieche, W. Langenbeck, W. Pritzkow, E. Leibnitz und W. Treibs internationale Anerkennung gefunden haben.

Leipzig, im Sommer 1963 *Rolf Schöllner*

Inhaltsverzeichnis

1. Einleitung

Die Oxydationsreaktionen mit Sauerstoff sind zur Erzeugung wichtiger Grundchemikalien gegenwärtig und erst recht in der Zukunft der Chemie nicht wegzudenken. Dank der Entwicklung der Petrolchemie sind die Ausgangsprodukte — Kohlenwasserstoffe und Olefine aliphatischer, cycloaliphatischer und aromatischer Natur — in ständig steigenden Mengen verfügbar. Uns interessieren in erster Linie jene Reaktionen, bei denen der Sauerstoff an der Umsetzung bleibend beteiligt ist, in das Molekül eingebaut wird. In die Betrachtungsweise werden die Dehydrierungen mit Sauerstoff und jene Oxydationsreaktionen, die nicht mit Luft oder Sauerstoff durchgeführt werden, nicht einbezogen.

Neben den anderen Oxydationsmitteln wie Kaliumpermanganat, Chromsäure, Eisen(III)-salzen, Wasserstoffperoxyd u. a. hat der Sauerstoff den großen Vorteil, daß er billig ist und reichlich vorkommt. Das Sauerstoffmolekül ist infolge seiner vollkommenen Symmetrie und der großen Elektronenaffinität weitgehendst ein Biradikal. Es befindet sich angenähert im Zustand entkoppelter Elektronen. Dies erklärt auch seine erhöhte Reaktionsfähigkeit.

$$\underline{\overline{O}} = \underline{\overline{O}} \leftrightarrow |\underline{\dot{O}} - \underline{\dot{O}}|$$

Eine Vielzahl von organischen Verbindungen unterliegen dem Angriff des Sauerstoffs bei mehr oder weniger milden Bedingungen. Die Atmung, Grundlage der Unterhaltung des Lebens, und der Verbrennungsvorgang, Spender nützlicher Energie, sind Extreme dieser Oxydationsreaktionen. *Die Prozesse, die spontan unter sehr milden*

Bedingungen mit Sauerstoff unter Peroxydbildung verlaufen, faßt man unter dem Begriff Autoxydation zusammen.

Die technisch wichtigsten Oxydationen mit Luft oder reinem Sauerstoff zeichnen sich dadurch aus, daß sie bei erhöhter Temperatur und teilweise unter Druck verlaufen, daß sie durch Zusatz von Katalysatoren beschleunigt oder in eine bestimmte Richtung gelenkt werden. Wir sprechen daher im folgenden von Oxydationsreaktionen mit Sauerstoff und vermeiden den Begriff Autoxydation bei jenen Prozessen, die wie die Paraffinoxydation erzwungen werden. Die Trocknung von Leinöl ist eines der vielen Beispiele einer wirklichen Autoxydation.

Betrachten wir einmal näher die Palette der durch Oxydationsreaktionen zugänglichen Grundchemikalien. Methanol, Äthanol, sekundäres und tertiäres Butanol, Glykol, Glycerin und Cyclohexanol sind einige wichtige Alkohole; Formaldehyd, Acetaldehyd und Acrolein sowie Aceton, Methyläthylketon, Cyclohexanon und Acetophenon sind wichtige Vertreter der Aldehyde und Ketone, die durch Umsetzungen mit Sauerstoff aus gesättigten und ungesättigten Kohlenwasserstoffen zugänglich sind. Die Darstellung von Acetaldehyd erfolgt bei uns in der Republik noch traditionsgemäß aus Acetylen. Acetaldehyd ist wiederum Ausgangspunkt der Butadiensynthese. Essigsäure und Acetanhydrid sind Oxydationsprodukte des Acetaldehyds. Dieser aber ist durch katalytische Oxydation von Äthylen sehr leicht synthetisierbar. Glykol, wichtiger Rohstoff zur Herstellung von hochmolekularen Verbindungen, ist aus Äthylen über das Äthylenoxyd leicht zu gewinnen. Aceton aus Propan, Methyläthylketon aus n-Butan, Aceton und Phenol aus Cumol, Phthalsäure und Terephthalsäure aus o- und p-Xylol, Adipinsäure aus Cyclohexan oder Cyclohexanon, all diese Umsetzungen gelingen mit Sauerstoff. Phenol und Adipinsäure, nicht wegzudenken bei der Herstellung von Dederon und Nylon; Aceton und Methyläthylketon notwendige Lösungsmittel; Phthalsäure und Terephthalsäure wichtig für die Synthese hochmolekularer Verbindungen wie Polyester und Alkydharze — aus Terephthalsäurediester und Glykol entsteht die begehrte Lanonfaser; langkettige Fettsäuren aus der Paraffinoxydation unentbehrlich zur Weiterverarbeitung zu Textilhilfsmitteln und Lackrohstoffen; diese unvollständige Aufzählung wichtiger Grundchemikalien, die aus leicht zugänglichen Rohstoffen durch Sauerstoffoxydation gewinnbar sind, soll zeigen: die Oxydation organischer Verbindungen mit Sauerstoff ist heute nicht mehr nur von theoretischem Interesse, eine vage Sache der Zukunft, sondern überall in den hochentwickelten Industrieländern mehren sich die technischen Verfahren der Oxydation mit Luft oder Sauerstoff.

Bei diesen Umsetzungen sollen jene Reaktionen nicht vergessen werden, die als Autoxydationen im wahrsten Sinne des Wortes verlaufen aber unerwünscht sind, die wir verhindern möchten. Dazu gehört das Ranzigwerden von Speiseöl, Margarine und Butter. Aber auch viele technische synthetische Stoffe verlieren durch die Einwirkung des Sauerstoffes nützliche Eigenschaften. Die Alterung von Kautschuk, Plasten und Schmieröl seien als Beispiele genannt. Die Verhinderung derartiger Oxydationen durch Inhibitoren ist daher von großer Bedeutung geworden. *Inhibitoren sind solche Stoffe, deren Anwesenheit in geringster Menge schon eine merkliche Verzögerung der Oxydation bewirkt.*

1.1. Geschichtliche Daten zur Entwicklung der Autoxydation

Schon im vorigen Jahrhundert war die Sauerstoffoxydation bekannt. F. Wöhler und J. Liebig berichteten schon 1832 über die langsame Umwandlung von Benzaldehyd zu Benzoesäure in Gegenwart von Luft und beobachteten die beschleunigende Wirkung des Lichtes. Durch eine flammenlose Verbrennung des Äthers erhielt Legler im Jahre 1881 die erste definierte Zwischenverbindung der Umsetzung, ein Peroxyd Wie spätere Untersuchungen zeigten, handelte es sich um die kristalline Verbindung Dihydroxymethylperoxyd

$$(HO-CH_2-OO-CH_2-OH).$$

Es war das erste organische und zugleich auch das erste durch Sauerstoffoxydation isolierte Peroxyd. 1897 berichteten Bach und Engler über die Addition von Sauerstoff an olefinische Doppelbindungen unter Bildung eines cyclischen Peroxydes oder Moloxydes. Eine Bestätigung dieser Auffassung wurde in den folgenden Jahrzehnten durch die Isolierung des Cyclohexenhydroperoxydes erbracht, dem man fälschlicherweise die cyclische Struktur zuwies. Erst 1935 erkannte Criegee die Hydroperoxydnatur.

Cyclisches Cyclohexenperoxyd

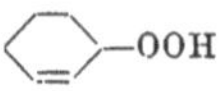

Cyclohexenhydroperoxyd nach Criegee

Zur Jahrhundertwende stellte Gomberg das bekannte Triphenylperoxyd durch Einwirken von Sauerstoff auf Hexaphenyläthan dar. Dieser Kohlenwasserstoff dissoziiert teilweise in die Radikale Triphenylmethyl, die sich sehr leicht mit Sauerstoff umsetzen. Damit war zugleich der erste wahre Beweis der Existenz von Radikalen gegeben. Fortan ist die Theorie der Sauerstoffoxydation eng mit der Chemie der Radikale verknüpft. Heute weiß man, daß viele Umsetzungen mit Sauerstoff die Radikalerzeugung zur Grundlage haben und dann in einer Kettenreaktion in erster Stufe zu Hydroperoxyden und Peroxyden führen, die wiederum durch Zerfall in Radikale die Kettenverzweigung einleiten.

$$R\cdot + O_2 \rightarrow ROO\cdot \quad (1)$$

$$ROO\cdot + RH \rightarrow ROOH + R\cdot \quad (2)$$

$$ROOH \rightarrow RO\cdot + \cdot OH \quad (3)$$

Im Jahre 1926 veröffentlichten MOUREU und DUFRAISSE die Darstellung von Rubrenperoxyd durch Belichten der Lösungen von Rubren an der Luft. Beim Erhitzen des Rubrenperoxydes im Dunkeln wurde der Sauerstoff fast quantitativ abgespalten. Dies war der erste Fall einer Photooxydation, gleichzeitig aber ein seltenes Beispiel einer reversiblen Autoxydation. Im Gegensatz zur GOMBERGschen Umsetzung kann man diese Reaktion mit einer DIELS-ALDER-Synthese vergleichen. Die philodiene Komponente ist hier Sauerstoff, das Endprodukt ein *Endoperoxyd.*

Der Meinungsstreit, ob es sich bei der Autoxydation um einen Radikalmechanismus handelt, war besonders bei der Untersuchung der Aldehydoxydation entbrannt. Um die Jahrhundertwende fand man, daß die Oxydation von Benzaldehyd in Gegenwart von Acetanhydrid nicht zur Benzoesäure führte, sondern Benzoylacetylperoxyd sich bildete. Daraus ergab sich die Bildung der Perbenzoesäure als Zwischenprodukt, die dann sekundär acetyliert wird. Dies stand im Einklang mit dem Radikalcharakter der Autoxydation. Spätere Untersuchungen konnten mit einem Radikalkettenmechanismus nicht vereinbart werden. So wird die Aldehydautoxydation durch Spuren von Antioxydantien wie Hydrochinon oder α-Naphthol verhindert und durch viele Metallsalze katalysiert. Eine weitere Beobachtung kam hinzu. Autoxydierender Benzaldehyd wirkt besonders oxydierend auf Anthracen und Tetrachlorkohlenstoff, während Perbenzoesäure diese Verbindungen nicht oxydiert. Diese Beobachtungen glaubte man durch folgende zwei Hypothesen zu erklären. Die eine ging von der Möglichkeit einer Energiekette aus, während die andere das Moloxyd als eigentliches primäres Zwischenprodukt darstellte. Die Wirkung der Inhibitoren wurde durch die erste Hypothese als eine Desaktivierung der „heißen“ Moleküle erklärt. Das Moloxyd, entnommen den Vorstellungen der Oxydation olefinischer Verbindungen, wurde als die aktive Zwischenverbindung angesehen, die in der Lage sei, selbst Tetrachlorkohlenstoff zu oxydieren. 1934 bewies BECKSTRÖM eindeutig den Radikalcharakter der Aldehydoxydation.

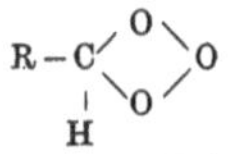

Das sogen. Moloxyd

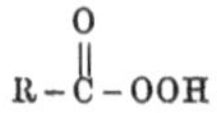

Persäure

Genau so wie lange Zeit das Moloxyd als Anlagerung von Sauerstoff an eine ungesättigte Stelle im Molekül betrachtet wurde, ehe die Hydroperoxydstruktur als reale Widerspiegelung der vorhandenen olefinischen Oxydationsprodukte mit Sauerstoff erkannt wurde, so spielte die Vorstellung sogenannter „Ox-oxyde" eine große Rolle.

Das Wasserstoffperoxyd besaß danach zwei ungleichwertige Sauerstoffatome, da das eine Sauerstoffatom durch eine semipolare Bindung mit dem anderen verknüpft war.

$$H_2O \rightarrow O$$

Man verglich die Ox-oxyde mit den Aminoxyden und Sulfoxyden. Genau wie dort sollte der Sauerstoff durch eine semipolare Bindung an das Heteroatom gebunden sein. Noch 1940 glaubte WITTIG einen Vertreter der Oxoxyde, das Fluorenonoxyd, isoliert zu haben.

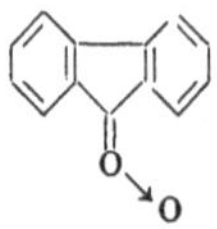

Das angenommene Fluorenonoxyd

Spätere Nachprüfungen ergaben, daß ein Bishydroperoxyd vorlag, welches mit zwei Molekülen Fluorenon eine Molekülverbindung bildete, deren Summenformel und aktiver Sauerstoff das Fluorenonoxyd vortäuschte.

Erst nach 1930 fanden die Umsetzungen mit Sauerstoff größeres Interesse. 1933 wurde das Tetralylhydroperoxyd als erstes Hydroperoxyd kristallin erhalten.

1944 untersuchte Hock eine Reihe von Kohlenwasserstoffen auf ihre Oxydierbarkeit. Dabei fand er die Bildung von Cumolhydroperoxyd und konnte dieses über das Natriumsalz isolieren. Die saure Spaltung mit verdünnter Schwefelsäure ergab Aceton und Phenol.

Die als „Hock-Verfahren" in der Technik eingeführte Synthese von Phenol und Aceton aus Cumol hat eine ständig wachsende Bedeutung erlangt. In den fünfziger Jahren sind überall in der Welt wie Kanada, USA, Frankreich, Sowjetunion, Deutsche Bundesrepublik, Belgien und Japan Anlagen gebaut worden. Heute liegt die jährliche Produktion von Phenol durch Sauerstoffoxydation des Cumols weit über 200000 jato. Die schnelle Entwicklung der chemischen Industrie in der Sowjetunion und im ganzen sozialistischen Lager wird die Anwendung der rentablen Verfahren der Oxydation organischer Rohstoffe in hochwertige Grundchemikalien außerordentlich begünstigen.

1.2. Die Darstellung von Hydroperoxyden und Peroxyden

Die Oxydation von org. Verbindungen mit Sauerstoff führt in erster Stufe zu Hydroperoxyden oder Peroxyden. Die Darstellung dieser Verbindungen gelingt auch auf andere Weise. Zur Orientierung des Lesers möchten wir deshalb kurz einige bekannte andere Peroxydsynthesen aufzählen.

1.2.1. Darstellung von Peroxyden durch Wasserstoffperoxyd

Die „Väter der organischen Peroxyde" verwandten als Ausgangsprodukte solche Verbindungen, in denen bereits eine peroxydische Gruppierung vorlag, wie Wasserstoffperoxyd und seine Derivate, Carosche Säure und Ozon.

Besonders leicht zugänglich zur Darstellung von Hydroperoxyden sind die tertiären Alkohole, während die primären und sekundären wenig Neigung zur Umsetzung zeigen. Entweder arbeitet man mit dem hochprozentigen Wasserstoffperoxyd (85–90%), oder besser nach MILAS mit 30%igem H_2O_2 und 70%iger H_2SO_4. Das gebildete Wasser wird mit Natrium- oder Magnesiumsulfat gebunden.

$$R_3C-OH + H_2O_2 \xrightarrow{H_2SO_4} R_3C-OOH + H_2O$$

Die erstere Methode ist wegen der Gefahr von Explosionen problematisch. Neben dem Hydroperoxyd bildet sich durch nochmalige Umsetzung mit tertiärem Alkohol in geringer Menge das Dialkylperoxyd.

Tertiäre Halogenide setzen sich ebenfalls mit Wasserstoffperoxyd um. Die Darstellung des Triphenylmethylhydroperoxydes aus dem leicht zugänglichen Triphenylchlormethan wurde schon 1931 von WIELAND beschrieben.

Die Einwirkung von Wasserstoffperoxyd auf Ketone führt zu einer Vielzahl von Produkten, die durch Sauerstoffoxydation nicht erhalten werden können. Das Wasserstoffperoxyd greift an der Carbonylgruppe an. Aus Cyclohexanon entstehen z. B. folgende Peroxydverbindungen:

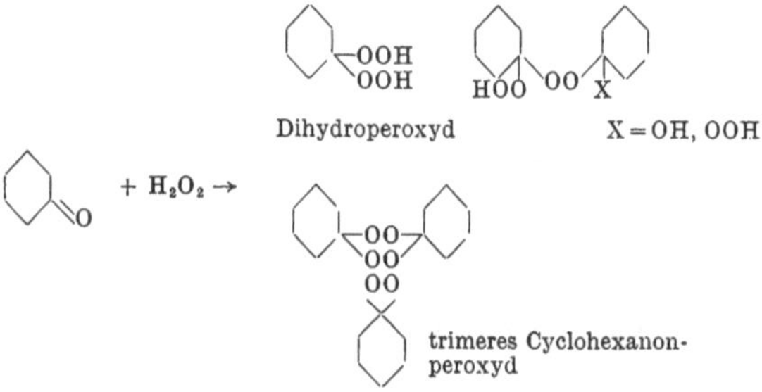

Zunächst bildet sich das Dihydroperoxyd, unter Wasserabgabe geht es in das Hydroxyhydroperoxyd über und bildet mit überschüssigem Wasserstoffperoxyd das Bishydroperoxyd. Bei Anwesenheit von Protonen entsteht das trimäre Cyclohexanonperoxyd.

Auch das bei der Einwirkung von H_2O_2 auf Aldehyde gebildete primäre Hydroxyhydroperoxyd spaltet leicht Wasser ab. Dabei entstehen die Alkylidenperoxyde.

Die Persäuredarstellung aus Carbonsäuren, Säureanhydriden und Säurechloriden ist durch Umsetzung mit Wasserstoffperoxyd möglich. Die Perameisensäure wird aus 98%igem Wasserstoffperoxyd mit Ameisensäure in Gegenwart von 1% Schwefelsäure als Katalysator hergestellt. Auf gleiche Weise kann die Peressigsäure gewonnen werden. Vorteilhafter ist die Reaktion von Essigsäureanhydrid mit Wasserstoffperoxyd, da schon 30%iges Perhydrol in Abwesenheit eines Katalysators Peressigsäurelösung ergibt.

1.2 2. Darstellung von Peroxyden durch Ozon

Die früher angenommene Existenz von Ozoniden war lange Zeit in Frage gestellt, da diese nicht isoliert werden konnten. STAUDINGER formulierte sie mit einer Äther- und Peroxydgruppe zwischen zwei Kohlenstoffatomen.

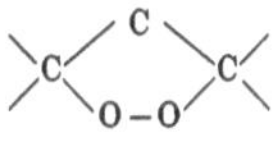

Wohl entstehen bei der Ozonisierung von Olefinen Verbindungen, die darauf schließen lassen, daß als Primärschritt die Anlagerung von Ozon an die Doppelbindung erfolgt. Fraglich war, ob die oben angegebene Ozonidstruktur dabei entsteht.

CRIEGEE hat in letzter Zeit nachweisen können, daß die Ozonisierung von Äthylenverbindungen bei −75° primäres Ozonid ergibt. Schon bei geringer Temperaturerhöhung lagert sich diese Verbindung zum normalen Ozonid um, welches der STAUDINGERschen Formulierung entspricht. Das Primärprodukt führt unter Heterolyse einer O—O-Bindung zu einem Zwitterion, welches sich dann unter Sprengung der zwischenliegenden C—C-Bindung unter Ozonidbildung oder Dimerisierung stabilisiert. Das Zwitterion kann nach Sprengung der C—C-Bindung mit dem Lösungsmittel reagieren.

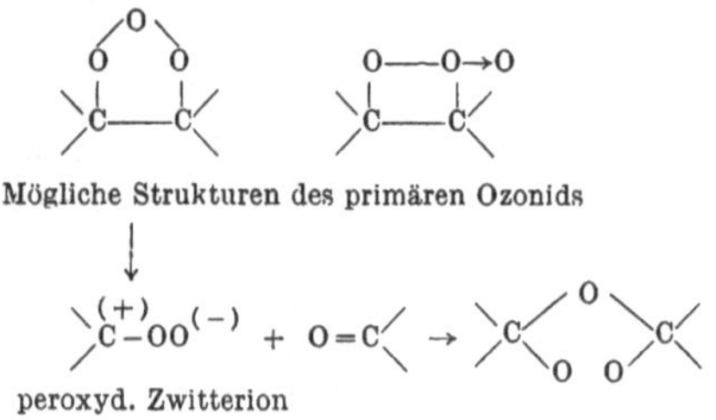

Die Ozonisierung des 9.10-Octalins in Petroläther einerseits und Methanol oder Eisessig andererseits bildet eine Stütze dieser Auffassung. Das primäre Ozonid reagiert mit Methanol, während das Umlagerungsprodukt sich mit dem Lösungsmittel nicht mehr umsetzt. Die Bildung eines Ozonides aus dem Primärprodukt, dem eine der beiden Strukturen zukommt, ist möglich, wenn die Spaltprodukte, der Aldehyd oder das Keton und das peroxydische Zwitterion, miteinander reagieren. Die Reaktion hängt hauptsächlich von der Additionsfreudigkeit der Carbonylgruppe und dem sterischen Bau des Moleküls ab.

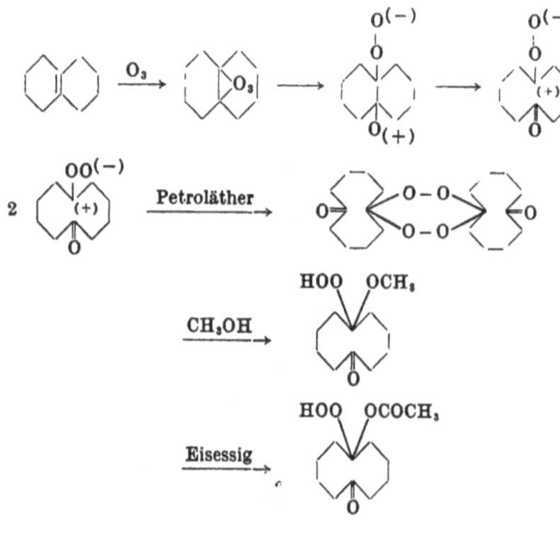

1.2.3. Der Angriff des Sauerstoffes bei Oxydationsreaktionen

Die Einwirkung des Sauerstoffes vollzieht sich grundsätzlich in zweierlei Weise:

1. Der Sauerstoff wird zwischen eine C–H-, C–C- oder C–Me-Bindung eingeschoben. Die radikalische oder ionische Sprengung der entsprechenden Bindung ist Voraussetzung für diese Reaktion.

2. Der Sauerstoff addiert sich an eine isolierte Doppelbindung oder an konjugierte Diene und Triene unter Peroxydbildung. Die 1.2-, 1.4- oder auch 1.6-Addition an mehrfach konjugierten Verbindungen führt zu monomeren und polymeren Peroxyden.

Während im zweiten Falle durch die Lage der Doppelbindungen der Angriff des Sauerstoffes festliegt, ist dies bei der Bildung von Hydroperoxyden nicht so eindeutig.

Tab. 1 Größe der Dissoziationsenergie der einzelnen C—H-Bindungen

Art der C – H-Bindung	kcal/Mol bei 25°
C_6H_5-	104
$CH_2{=}CH-CH_2-$	77
$C_6H_5-CH_2-$	75
CH_3-	102
$(CH_3)_3C-$	85
CH_3-CH_2-	98
$CH_3-CH_2-CH_2-$	95
$CH_3-(CH_2)_2-CH_2-$	94
$CH_3-\overset{}{CH}-CH_3$ (mit Bindung am mittleren C)	89

Infolge der notwendigen Sprengung einer C–H-Bindung hängt der Ort des Sauerstoffangriffes von der Dissoziationsenergie der vorhandenen C–H-Bindungen ab. Benachbarte Doppelbindungen oder andere aktivierende Substituenten führen zur Lockerung dieser Bindung, und damit zur Verringerung der notwendigen Dissoziationsenergie. Die geringere Bindungsenergie ist die Ursache für den bevorzugten Angriff des Sauerstoffes in α-Stellung zur Doppelbindung, zur Phenylgruppe oder zu anderen aktivierenden funktionellen Gruppen. Aus der Struktur einer vorliegenden Verbindung können weitgehendst die bevorzugten Stellen der Oxydation vorhergesagt werden.

Liegen geradkettige und verzweigtkettige Kohlenwasserstoffe vor, so müßten entsprechend der Tabelle 1, die die Dissoziationsenergie verschiedener C—H-Bindungen wiedergibt, die tertiären C—H-Gruppen bevorzugt Hydroperoxyde bilden. Diese Auffassung konnte experimentell bestätigt werden. Die relative Oxydationsgeschwindigkeit von Tetralin:Methyltetralin verhält sich wie 1:10, von Toluol:Äthylbenzol:Cumol wie 1:5:30. Vergleicht man die n-Paraffine mit den cyclischen Vertretern, so kann man feststellen, daß die cyclischen Kohlenwasserstoffe leichter oxydabel sind.

2. Die Flüssigphasenoxydation

Die zu oxydierende Verbindung befindet sich während der Sauerstoffbegasung im flüssigen Zustand. Trotz mäßiger Temperaturen bis höchstens 150—200° ist die vorhandene Radikalkonzentration hoch. Dies garantiert eine große Reaktionsgeschwindigkeit. Die niedrigen Temperaturen begünstigen eine gewisse Einheitlichkeit der erhaltenen Reaktionsprodukte, da infolge der verschiedenen Dissoziationsenergien der C—H-Bindungen nur bestimmte von Sauerstoff bevorzugt angegriffen werden. Durch Einhaltung niedriger Umsätze und Verwendung von Katalysatoren zur Vermeidung von Nebenreaktionen wird eine weitere Selektivität der Endprodukte erreicht.

Verwendet man ein Verdünnungsmittel, welches unter den gegebenen Bedingungen selbst nicht oxydierbar ist, kann die Temperaturregelung, die Abführung der Reaktionswärme, leicht durch das siedende Lösungsmittel erfolgen.

2.1. Die Radikalbildung

Die Erzeugung der Radikale, die notwendig sind, um die Kettenreaktion zu starten, kann auf verschiedenen Wegen erfolgen.

1. Durch Bestrahlung von Molekülen entstehen Radikale. Diese Art der Spaltung einer homöopolaren Bindung bezeichnet man als Homolyse. Sie tritt durch Zuführung der notwendigen Dissoziationsenergie ein. Erfolgt die Energieübertragung durch Strahlung, so wird der absorbierte Energiebetrag wirksam. Je nach der Energiequelle unterscheiden wir zwischen Photolyse und Radiolyse. Während ersterer Vorgang durch sichtbares oder UV-Licht erfolgt, wird im zweiten Fall eine energiereichere Strahlung wirksam. UV-Licht der Wellenlänge $\lambda = 300\,m\mu$ besitzt eine Energie von 95 kcal/Mol. Außer der aromatischen Bindung und der des Methans und Äthans können die C—H-Bindungen aller anderen Kohlenwasserstoffe gespalten werden.

2. Radikale entstehen durch thermische Spaltung von Initiatoren. Die thermische Spaltung von C—H- und C—C-Bindungen verläuft bevorzugt bei Temperaturen über 500°. Neben diesen normalen stabilen Bindungen kennt man eine ganze Reihe Bindungen geringerer Dissoziationsenergie, deren Spaltung schon bei niederen Temperaturen gelingt. Der Energiebetrag zur Spaltung der symmetrischen C—C-Bindung des Hexaphenyläthans beträgt nur 11 kcal/Mol. Darum dissoziiert diese Verbindung in Lösung bereits bei Zimmertemperatur in geringem Maße und bildet stabile Radikale. Ähnlich verhält sich die O—O-Bindung im Benzoylperoxyd, die thermisch leicht spaltbar ist. Zur Radikalerzeugung haben

sich α, α'-Azo-diisobuttersäurenitril und 1-Azo-1.1'-dicyanocyclohexan besonders bewährt. Sie zerfallen nach einer Reaktion erster Ordnung und lösen keine Folgereaktionen aus. Dibenzoylperoxyd ist nachteilig bei der Cumoloxydation, weil Cumolhydroperoxyd durch dieses Peroxyd in Phenol und Aceton zersetzt wird, und das Phenol die Oxydationsreaktion zum Stillstand bringt (Inhibitorwirkung). Je stabiler die entstehenden Radikale sind, desto geringer ist die aufzuwendende Dissoziationsenergie. Die Stabilität eines Radikales hängt von dem Einfluß des Gesamtmoleküls ab, ob Mesomerieformen sich ausbilden können, oder ob das Radikalelektron lokalisiert ist.

3. Radikale entstehen durch Spaltung der in der Reaktion sich bildenden Hydroperoxyde.

4. Metallkatalysatoren reagieren mit den im Oxydationsprozeß gebildeten Hydroperoxyden und erzeugen Radikale.

5. Höherwertige Metallsalze reagieren mit Kohlenwasserstoffen unter Radikalbildung.

6. Durch direkte Reaktion des Einsatzproduktes mit dem Sauerstoff entstehen Radikale. Diese Umsetzung verläuft verhältnismäßig langsam.

$$RH + O_2 \rightarrow R\cdot + \cdot OOH \qquad (4)$$

2.1.1. Die thermische Zersetzung der Hydroperoxyde

Betrachten wir einmal näher die thermische Zersetzung der Hydroperoxyde im Oxydationsmedium. Das Hydroperoxyd zerfällt in monomolekularer Reaktion (Gleichung 3).

Die gebildeten Radikale reagieren mit dem Ausgangsprodukt weiter.

$$RO\cdot + RH \rightarrow ROH + R\cdot \quad (5)$$

$$\cdot OH + RH \rightarrow H_2O + R\cdot \quad (6)$$

$$R\cdot + O_2 \rightarrow ROO\cdot$$

Das Peroxyradikal sorgt für die Kettenfortpflanzung (Gleichung 2).

Die eingeleitete Kettenreaktion wird durch folgende Abbruchreaktionen gestoppt.

$$R\cdot + R\cdot \rightarrow R{-}R \quad (7)$$

$$R\cdot + ROO\cdot \rightarrow ROOR \quad (8)$$

$$2\,ROO\cdot \rightarrow ROOR + O_2 \quad (9)$$

Die Rate der Initiation wird durch Zugabe einer bestimmten Menge Radikalerzeuger festgelegt. Sorgt man für genügende Sauerstoffzufuhr, so ist die Existenz der Kohlenstoffradikale für den Gesamtablauf unwesentlich, da sie augenblicklich Peroxyradikale bilden. Damit verringert sich die Zahl der Abbruchreaktionen. Die Reaktionsgeschwindigkeiten k_7 und k_8 entfallen. Nimmt man weiterhin an, daß die Kettenlänge einen hohen Wert erreicht, läßt sich die Oxydationsreaktion quantitativ erfassen. *Die Kettenlänge ist jene Anzahl von Molekülen, die pro Startradikal mit Sauerstoff reagieren.*

$$-\frac{d\,[O_2]}{dt} = r_i^{1/2}\,\frac{k_2}{k_9^{1/2}}\,[RH] = k_2 \cdot \sqrt{\frac{r_i}{k_9}}\,[RH]$$

r_i ist die Rate der Initiation, die durch die monomolekulare Zerfallsreaktion der zugegebenen radikalbildenden organischen Verbindung bestimmt wird

Erfolgt die Radikalbildung durch das Hydroperoxyd selbst, so erhält man folgende Gleichung:

$$\frac{d\,[O_2]}{dt} = \frac{k_2 \cdot k_3}{k_9^{1/2}}\,[ROOH]^{1/2}\,[RH] \qquad (10)$$

Dies entspricht dem experimentellen Befund. Am Anfang der Oxydation ist die Hydroperoxydkonzentration infolge der sich nur langsam bildenden Startradikale gering. Die Reaktion beschleunigt sich durch den thermischen Zerfall der sich bildenden Hydroperoxyde autokatalytisch.

k_2 ist unter den angewandten Bedingungen eine gegebene Größe. Weder die thermische Zersetzung (k_3) noch die Geschwindigkeit der Kettenabbruchreaktion (k_9) ist stark abhängig von der Struktur des Hydroperoxydes. Die Peroxydbildung, d. h. die Kettenabbruchreaktion, spielt infolge der großen Kettenlänge nur eine geringe Rolle. Daraus folgt, daß die Rate der Oxydation wesentlich durch die Geschwindigkeit der Fortführungsreaktion (k_2) bestimmt wird, denn diese ist stark abhängig von der Struktur des Materials. Die Stärke der C—H-Bindungen beeinflußt also maßgeblich die Gesamtreaktion.

Für die Anfangsperiode der Autoxydation ohne Zusatz von Initiatoren ergibt sich aus Gleichung 10 folgende Vereinfachung,

$$\frac{d\,[O_2]}{dt} = k\sqrt{[ROOH]} \qquad (11)$$

weil die Konzentration des Ausgangsproduktes groß ist gegenüber der Konzentration der sich bildenden Hydroperoxyde und damit als konstante Größe eingeht.

Wir gingen von der Annahme aus, daß durch eine Reaktion 1. Ordnung das gebildete Hydroperoxyd zerfällt (Gleichung 3). Mit steigender Hydroperoxydkonzentration wird aber der bimolekulare Zerfall wahrscheinlicher.

$$ROOH + ROOH \rightarrow RO\cdot + ROO\cdot + H_2O \qquad (12)$$

Pro Hydroperoxyd entsteht ein Startradikal, demzufolge verändert sich die Gleichung für die Reaktionsgeschwindigkeit.

$$\frac{d\,[O_2]}{dt} = k\,[\mathrm{ROOH}] \qquad (13)$$

Die Gleichungen 11 u. 13 sind experimentell nachprüfbar, wenn während des Oxydationsvorganges die Geschwindigkeit der Sauerstoffaufnahme in Abhängigkeit vom Oxydationsgrad bestimmt wird. Voraussetzung ist, daß die aufgenommene Sauerstoffmenge als Hydroperoxyd vorliegt. Dies trifft nur im Anfangsbereich der Oxydation zu. Während Abb. 1 den autokatalytischen Charakter der Oxydation wiedergibt, charakterisiert Abb. 2 die lineare Beziehung zwischen der Reaktionsgeschwindigkeit und dem Oxydationsgrad.

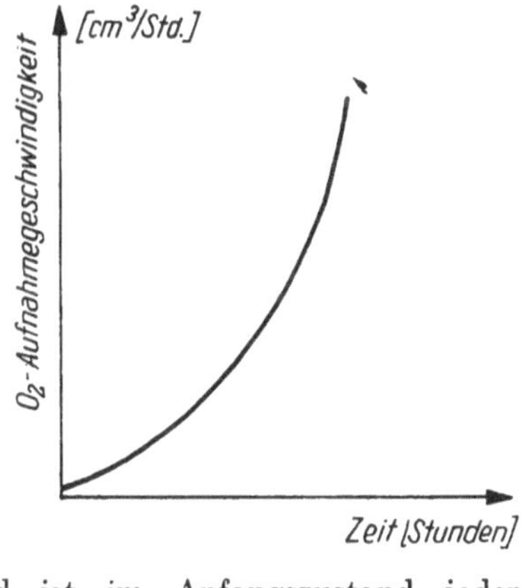

Abb. 1 Geschwindigkeit der Sauerstoffaufnahme in Abhängigkeit von der Zeit

Der Oxydationsgrad ist im Anfangszustand jeder Oxydation der Konzentration der Hydroperoxyde gleichzusetzen. *Die lineare Abhängigkeit zwischen Reaktionsgeschwindigkeit und Hydroperoxydkonzentration bedeutet, daß die Startreaktion durch bimolekularen Zerfall eingeleitet wird.*

$$RG = k\,[\text{Hydroperoxyd}]$$

Zerfällt das Hydroperoxyd nach einer Reaktion 1. Ordnung, so trifft die genannte lineare Beziehung nicht zu. Der monomolekulare Zerfall wird bei sehr geringen Hydroperoxydkonzentrationen beobachtet.

Die thermische Spaltung der Hydroperoxyde erfolgt auch unter 100° mit meßbarer Geschwindigkeit, weil diese

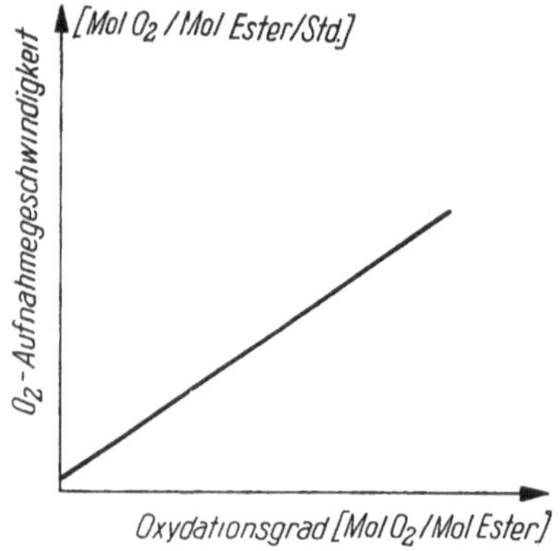

Abb. 2 Geschwindigkeit der Sauerstoffaufnahme in Abhängigkeit vom Oxydationsgrad

relativ unbeständige Verbindungen sind. Sie lassen sich leicht thermisch, photolytisch und chemisch zersetzen.

Die Art der Zersetzungsprodukte hängt weitgehend von den gewählten Bedingungen und den benutzten Lösungsmitteln ab. Allgemein kann eine kovalente Bindung zwischen zwei Komponenten x und y auf drei Wegen gesprengt werden.

$$\begin{array}{c} x^{(+)} + y{:}^{(-)} \leftrightharpoons x:y \rightleftharpoons x{:}^{(-)} + y^{(+)} \\ \downarrow\uparrow \\ \cdot x + y \cdot \end{array}$$

Abb. 3

Die heterolytische Spaltung führt zu Ionen. Bilden sich zwei Radikale, so liegt eine homolytische Spaltung vor. Die natürliche Spaltungstendenz der Peroxyde mit ausgesprochen kovalenter Bindung wird besonders in der

Gasphase homolytischer Art sein. In Lösungsmitteln hängt dies neben der Struktur des Peroxydes besonders von der Dielektrizitätskonstante des Lösungsmittels ab. Je höher die Dielektrizitätskonstante, desto größer die Tendenz zur heterolytischen Spaltung.

Die Heterolyse wird gefördert, wenn die zwei Gruppen x und y sehr verschieden starke elektronenanziehende Kräfte tragen. Übt R' eine größere elektronenanziehende Wirkung aus als R, so ergibt sich folgendes Bild.

$$R'-O-O-R \rightarrow R'-O^{(-)} + R-O^{(+)} \qquad (14)$$

Das Lösungsmittel greift dann aktiv ein, wenn es zur Solvatation der gebildeten Ionen kommt. Die Bedeutung des umgebenden Mediums ändert sich sofort, sobald dieses in der Lage ist, sich an der Reaktion zu beteiligen. Dies trifft zu bei Lewissäuren und Basen, oder bei katalytisch wirkenden Fremdionen, die im Medium gelöst sind.

2.1.2. Die katalytische Zersetzung der Hydroperoxyde

Bei der Flüssigphasenoxydation mit oder ohne Verdünnung interessiert besonders die katalytische Zersetzung der Hydroperoxyde. Diese verläuft als Oxydations- und Reduktionsreaktion. Sie wird auch als Einelektronenübertragungsreaktion bezeichnet, weil der zugesetzte Katalysator A entweder ein Elektron abgibt oder an sich reißt und dabei das Peroxyd zersetzt.

$$ROOH + A \rightarrow A^{(+)} + RO\cdot + OH^{(-)}$$

$$ROOH + A \rightarrow A^{(-)} + ROO\cdot + H^{(+)}$$

In jedem Falle wird ein Elektron übertragen. Entreißt A dem Peroxyd ein Elektron, so haben wir eine Oxydationsreaktion am Peroxyd vor uns. Da besonders die

Hydroperoxyde und das Wasserstoffperoxyd selbst Oxydationsmittel sind, kommen für diese Reaktion nur starke Oxydationsmittel in Frage. Dazu gehören besonders Ce^{4+}, Co^{3+}, Pb^{4+} u. a.

Bei der Untersuchung der oxydierend wirkenden Substanzen fällt auf, daß es zwei verschiedene Reaktionsmöglichkeiten gibt.

1. Das Hydroperoxyd wird zerstört und dabei entsteht ein Äquivalent Sauerstoff pro Äquivalent des Oxydationsmittels.

$$ROOH + Ce^{4+} \rightarrow Ce^{3+} + ROO\cdot + H^{+} \qquad (15)$$

$$ROO\cdot + Ce^{4+} \rightarrow Ce^{3+} + R^{(+)} + O_2 \qquad (16)$$

2. Das Hydroperoxyd wird nur bis zur Stufe des Peroxyradikals zersetzt.

2.2. Die Oxydation substituierter Aromaten

Bei allen aliphatisch substituierten Aromaten ist die α-Stellung zum Benzolkern infolge der aktivierenden Rolle des Phenylrestes für den Sauerstoffangriff prädestiniert. Äthylbenzol, Toluol, Xylole, Cumol, Cymol, Cyclohexylbenzol, Tetralin und Anthracen werden bereits großtechnisch mit Sauerstoff oxydiert.

Seitdem Hock das Cumolhydroperoxyd dargestellt hat sind viele Arbeiten, besonders auch Patente, über die Oxydation von Cumol und seinen Derivaten erschienen. Verwendet man für die Derivate die allgemeine Formel

$$Ar-CH\begin{matrix} \diagup R_1 \\ \diagdown R_2 \end{matrix}$$

so wurden bisher für die Arylgruppe Naphthalin und seine Derivate, Diphenyl, Methylbenzole, Mono- und Diisopropylbenzol oder andere Alkyl- und Dialkylbenzole verwendet. Für R_1 und R_2 fanden bisher Alkyl-, Aryl-, Alkaryl- und Cycloalkylreste Anwendung.

Die Oxydation wurde zum Teil in flüssiger Phase, aber auch mit bestem Erfolg in Emulsion durchgeführt. Dabei arbeitete man mit Zusätzen von in Wasser löslichen anorganischen Alkalien oder Salzen schwacher Säuren mit starken Basen.

Die stufenweise Oxydation von Triisopropylbenzol bis zum Trihydroperoxyd zeigt besonders anschaulich die relativ stabile Cumolhydroperoxydgruppierung.

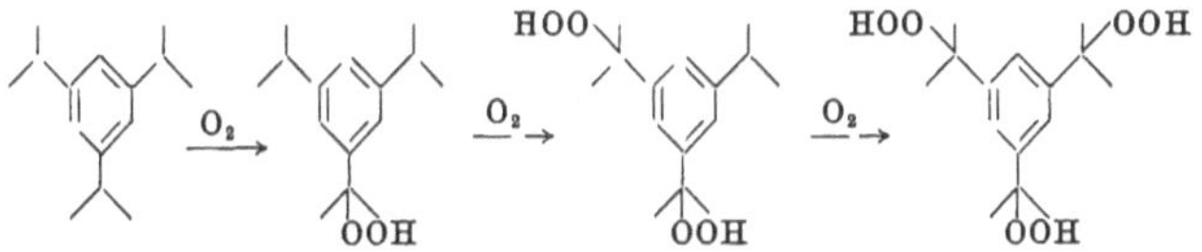

Die Erfahrungen der Sauerstoffbegasung verschiedener aromatischer Kohlenwasserstoffe besagen, daß ein Benzolkern die benachbarte C—H-Bindung lockert. Die Regel, je mehr aktivierende Gruppen, desto stärker die Lockerung der C—H-Bindung, darf nicht falsch verstanden werden. Es trifft nicht zu, daß je stärker die Aktivierung einer C—H-Bindung, desto leichter der Sauerstoffangriff, die Oxydation erfolgt. Sonst müßte das Triphenylmethan sehr stark oxydabel sein. In Wirklichkeit gelingt die Synthese des Triphenylmethylhydroperoxydes aus dem Kohlenwasserstoff durch Sauerstoffoxydation nicht.

2.2.1. Die thermische Zersetzung der Hydroperoxyde

Die Darstellung von Phenol und Aceton aus Cumol über das Hydroperoxyd setzt eine große Reinheit des Ausgangsproduktes voraus. Während des Oxydationsvorganges muß die thermische, photolytische oder chemische Zersetzung des Cumolhydroperoxydes vermieden werden, um eine möglichst gute Ausbeute zu erhalten.

Im vorigen Abschnitt haben wir gesehen, daß die Oxydation eine autokatalytische Reaktion ist. Das charakteristische war die Zersetzung von gebildetem Hydroperoxyd. Jede zusätzliche Aktivierung durch Temperaturerhöhung, UV-Bestrahlung oder Zusatz von Katalysatoren fördert zwar die Autoxydationsgeschwindigkeit, führt aber gleichzeitig zu einer vermehrten Hydroperoxydzersetzung und damit zu unerwünschten Nebenreaktionen.

Betrachten wir einmal näher die möglichen Zersetzungsreaktionen am Beispiel der Cumoloxydation. Die Homolyse des Cumolhydroperoxydes führt zu Cumoloxy- und Cumolperoxyradikalen, die mit vorhandenem Cumol reagieren. Dabei entsteht Dimethylphenylcarbinol. Cumoloxyradikale bilden außerdem Ketone.

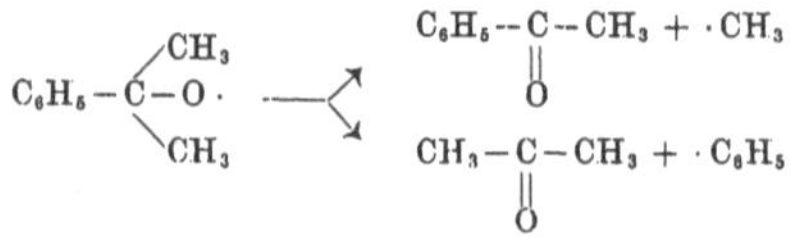

Das Sauerstoffradikal sprengt eine der benachbarten C—C-Bindungen und stabilisiert sich zum Keton. Acetophenon kann bei der thermischen Zersetzung nachgewiesen werden, die Bildung von Aceton tritt zurück.

Das Cumoloxyradikal reagiert aber auch mit Cumolhydroperoxyd. Es löst dabei eine Kettenreaktion aus.

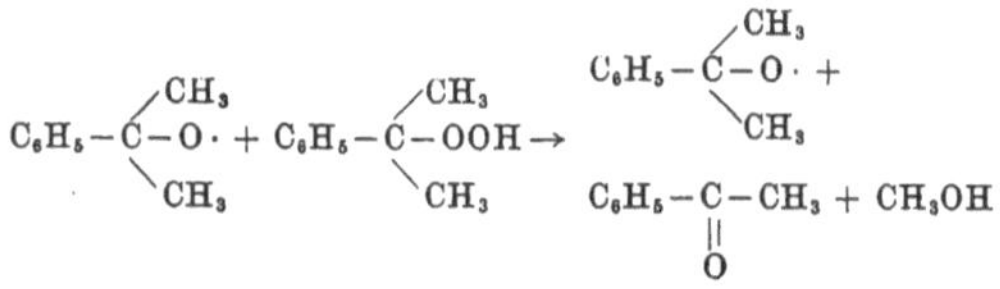

(17)

Natürlich ist bei der thermischen Zersetzung von Hydroperoxyd in Kohlenwasserstoff die Reaktion ohne Kettenreaktion begünstigt, mit zunehmender Hydroperoxydkonzentration steigt die Wahrscheinlichkeit der Zersetzung von Hydroperoxyden durch Oxyradikale infolge der abnehmenden Kohlenwasserstoffkonzentration. Je stärker der Gehalt an Hydroperoxyden, desto größere Zersetzungswirkung haben auftretende Oxyradikale.

Ob ein Alkoxyradikal sich unter Sprengung einer benachbarten C—C-Bindung und Bildung eines reaktiven Radikals zersetzt oder mit einem Kohlenwasserstoff unter Abspaltung eines Wasserstoffatoms zum Carbinol reagiert, hängt von der Reaktivität des Radikals sowie der Dissoziationsenergie der angegriffenen C—H-Bindung des Kohlenwasserstoffes ab.

Ist das Radikal genügend reaktionsfähig, so wird es sehr leicht mit dem vorliegenden Kohlenwasserstoff oder dem Lösungsmittel reagieren. Dies bedingt eine geringe Lebensdauer der entstehenden reaktiven Radikale und eine geringe Konzentration im Oxydationsmedium. Die Reaktion von zwei Radikalen zu einer unradikalischen Verbindung tritt selten auf. Die Spaltung benachbarter C—C-Bindungen oder Disproportionierungen spielen eine geringe Rolle.

Bei Radikalen geringer Reaktionsfähigkeit tritt die Umsetzung mit dem Kohlenwasserstoff oder Lösungsmittel in den Hintergrund. Die Lebensdauer der Radikale erhöht sich, die Spaltungsreaktionen treten vermehrt auf. Die Vereinigung zweier Radikale tritt infolge der größeren Lebensdauer und höheren Konzentration öfter ein.

Radikale, die kaum mit anderen Molekülen reagieren können, und verhältnismäßig wenig Neigung zur Zere setzung zeigen, bezeichnet man als stabile Radikale. Ihr-Lebensdauer ist relativ lang.

Die Reaktivität eines Radikals gegenüber einem vorliegenden Substrat ist um so größer, je größer die Dissoziationsenergie der entstehenden Bindung ist. Mit anderen Worten heißt das, die Reaktivität eines Radikals ist um so größer, je exothermer der betrachtete Vorgang, je größer der Energiegewinn der Gesamtreaktion. Dieser Energiegewinn wird besonders groß, wenn die zu spaltende Bindung eine geringe Dissoziationsenergie, die neu entstehende Bindung mit dem Oxyradikal aber eine große Dissoziationsenergie besitzt, die frei werdende Energiedifferenz beträchtlich ist.

Das Cumoloxyradikal entreißt dem Cumol ein Wasserstoffatom, weil die Dissoziationsenergie der tertiären C—H-Bindung geringer ist als die der sich bildenden OH-Bindung des Carbinols. Das Cumoloxyradikal reagiert leichter mit dem Hydroperoxyd als mit Cumol. Das Cumoloxyradikal bildet sich zurück, daneben entstehen die energieärmeren Moleküle Acetophenon und Methanol.

Die Oxyradikale sind je nach ihrer Struktur verschieden stabil. Eine charakteristische Größe ist das Verhältnis des gebildeten Carbinols zu den entstehenden Spaltprodukten. Sie wird als relative Stabilität bezeichnet. Die relative Stabilität des Cumoloxyradikals wird bestimmt:

$$\textit{Relative Stabilität von } C_6H_5C(CH_3)_2{-}O\cdot = \frac{\textit{gebildete Mole } C_6H_5C(CH_3)_2{-}OH}{\textit{entst. Mole } C_6H_5COCH_3 \text{ u. } CH_3COCH_3 \text{ u. } C_6H_5C(CH_3){=}CH_2}$$

Vergleicht man die relativen Stabilitäten der Oxyradikale einfacher Kohlenwasserstoffe, so spiegelt diese Größe die Stärke der benachbarten C—C-Bindungen im nichtoxydierten Kohlenwasserstoff wider. Während im Propan die Dissoziationsenergie der C—C-Bindungen 85,0 kcal/Mol beträgt, sinkt dieser Wert bei Verlängerung der Kohlenstoffkette. Die Dissoziationsenergie der C—C-Bindung zwischen zwei CH_2-Gruppen beträgt beim n-Heptan 80,0 kcal/Mol. Bei verzweigten Kohlenwasserstoffen sinkt die Stärke der C—C-Bindung an der Verzweigungsstelle, die Dissoziationsenergie der entsprechenden C—C-Bindung beträgt beim Isobutan 78 und beim Isopentan 76 kcal/Mol.

Die Stärke der C—C-Bindungen fällt besonders stark bei den entsprechenden Oxyradikalen ab. Das primäre Äthyloxyradikal ist mit einer relativen Stabilität von 0,86 sehr stabil, das primäre Butyloxyradikal kann nur noch den Wert von 0,51 aufweisen. Das primäre Isobutyloxyradikal mit der relativen Stabilität von 0,08 ist sehr instabil.

Ähnliche Beobachtungen treffen für aromatische und ungesättigte Kohlenwasserstoffe zu. Nach der SCHMIDT-schen Regel ist die der Doppelbindung benachbarte C—C-Bindung stabilisiert, während die folgende geschwächt wird. Das Cumoloxyradikal zerfällt darum in Acetophenon unter Abspaltung einer CH_3-Gruppe, die Bildung von Aceton ist minimal, weil die an den Benzolkern angrenzende C—C-Bindung eine höhere Dissoziationsenergie besitzt.

Wie die Cumoloxyradikale können die Cumolperoxyradikale zu Nebenreaktionen führen. Die Vereinigung zweier Peroxyradikale unter Sauerstoffentwicklung ist die wichtigste Kettenabbruchreaktion.

Das während der Oxydation von Cumol entstehende Methylstyrol könnte sich auch über Peroxyradinale bilden. Methylstyrol ist besonders unerwünscht, da Vinylgruppen im Oxydationsmedium zur Verharzung führen.

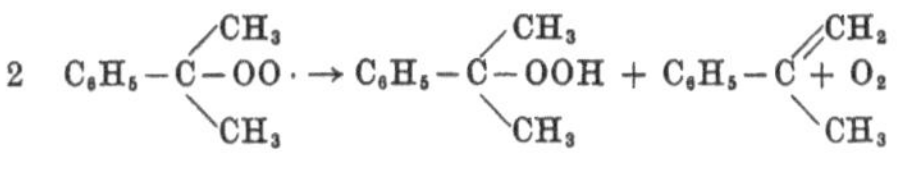

Die Nebenreaktionen der Peroxyradikale sind von Bedeutung, wenn die kinetische Kettenlänge kurz ist. In reinem Cumol bei 60° besaß diese den Wert 20. Als Radikalerzeuger diente α,α'-Azodiisobuttersäurenitril. Aus der Halbwertszeit und der zugefügten Menge konnten die pro Zeiteinheit entstehenden Ketten bestimmt werden.

$Ri = 2ek_i$ [α,α'-Azodiisobuttersäurenitril]

Ri = Rate der Initiation

k_i = Geschw.-Konstante

e = Maß für Nebenreaktionen

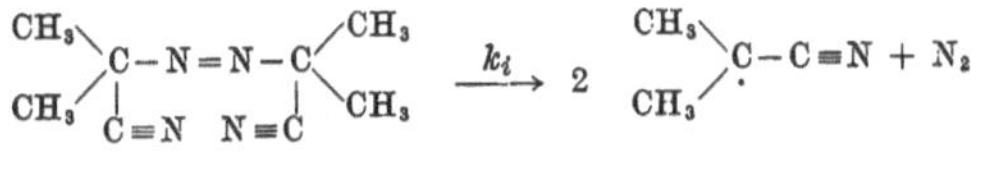

Der Wert Ri gestattet die Berechnung der kinetischen Kettenlänge, welche definiert ist als die Zahl der absorbierten Sauerstoffmoleküle pro initiiertes Radikal

$$\textit{kin. Kettenlänge} = -\frac{d\,[O_2]}{dt \cdot Ri}$$

Aus der absorbierten Sauerstoffmenge und der quantitativen Bestimmung der entstandenen Produkte kann man Rückschlüsse auf das Verhalten der Peroxyradikale ziehen. 96% des absorbierten Sauerstoffes lagen im Cumolhydroperoxyd vor, 2,2% als Acetophenon. Bei geringer Hydroperoxydkonzentration und tiefer Temperatur ist der Zerfall minimal, die kinetische Kettenlänge groß, die Peroxyradikale reagieren also sehr schnell mit dem anwesenden Cumol.

Mit zunehmender Verdünnung durch Chlorbenzol fällt der prozentuale Anteil des Hydroperoxydes zugunsten des Acetophenons und Peroxydes. Bei einem Mol Cumol pro Liter Lösung beträgt die kinetische Kettenlänge nur noch 3–4, der Hydroperoxydanteil 75%, während der Peroxydanteil auf 12,5% und der von Acetophenon auf 9,4% gestiegen ist. Bei 0,5 Mol Cumol pro Liter erhält man folgende Werte: kinetische Kettenlänge 2,3; Hydroperoxydanteil 60%; Dialkylperoxyd 18,5%; Acetophenon 11,3%.

Die Zusammenstöße der Peroxyradikale mit Cumol werden mit zunehmender Verdünnung geringer, die Zeit zwischen dem Entstehen der Peroxyradikale und ihrer Umsetzung zum Hydroperoxyd länger, damit steigt die Möglichkeit der Zerfallsreaktionen. Da bei gleicher Temperatur und gleichen übrigen Bedingungen gearbeitet wurde, kann der Anteil der thermischen Zersetzung sich nicht verändern. Trotzdem bildete sich mehr Acetophenon. Dies ist nur über die Peroxyradikale möglich. Acetophenon kann sich nur dann bilden, wenn bei der Zersetzung der Peroxyradikale Cumoloxyradikale entstehen.

Nur geringe Mengen Dimethylphenylcarbinol wurden isoliert. Die zunehmend stärkere Verdünnung führte zur erhöhten Bildung von Cumoloxyradikalen, gleichzeitig aber zu Acetophenon, weil die Verlängerung der Lebensdauer die Sprengung einer benachbarten C—C-Bindung begünstigt.

Die Kettenabbruchreaktion tertiärer Peroxyradikale verläuft unter Berücksichtigung der angeführten Ergebnisse nach folgendem Schema:

$$2\ C_6H_5-C(CH_3)_2-OO\cdot \rightarrow 2\,C_6H_5-C(CH_3)_2-O + O_2$$

$$2\ C_6H_5-C(CH_3)_2-O\cdot \rightarrow C_6H_5-C(CH_3)_2-O-O-C(CH_3)_2-C_6H_5$$

$$C_6H_5-C(CH_3)_2-O\cdot \rightarrow C_6H_5-\underset{\underset{O}{\|}}{C}-CH_3 + CH_3$$

$$C_6H_5-C(CH_3)_2-O\cdot + RH \rightarrow C_6H_5-C(CH_3)_2-OH + R\cdot$$

Das Verhältnis von Acetophenon zu Dimethylphenylcarbinol ist stark von der Temperatur abhängig. Bei 140° beträgt es 1,40, bei 112° 0,68. Je höher die Temperatur, desto rascher zersetzt sich das Cumoloxyradikal in Acetophenon. Zu gleichen Ergebnissen gelangt man durch Zerstörung von Di-cumolperoxyd.

Das Keton-Alkoholverhältnis ist außerdem von der Quelle der Oxyradikale abhängig. Zerstört man tert. Butylcumolperoxyd in Cumol, so beträgt das Verhältnis Acetophenon zu Carbinol bei 140° 3,0.

Bisher haben wir nur das Verhalten von tertiären Alkoxy- und Peroxyradikalen im Autoxydationsmedium betrachtet. Bei der Autoxydation von Äthylbenzol entstehen durch thermische Zersetzungen die secundären Alkoxy- und Peroxyradikale. Die gebildeten Oxyäthylbenzolradikale disproportionieren. Als Ergebnis der bimolekularen Reaktion entsteht Acetophenon und α-Hydroxyäthylbenzol. Die Oxyradikale können sich ebenfalls unter Spaltung einer benachbarten C—C-Bindung stabilisieren.

$$\begin{array}{l} R_1-\underset{\displaystyle O\cdot}{\underset{|}{CH}}-R_2 \rightarrow \begin{array}{l} R_1-CH{=}O + R_2 \\ R_2-CH{=}O + R_1 \end{array} \end{array}$$

Bei der Zersetzung von Äthylbenzolhydroperoxyd im Kohlenwasserstoff — also unter Bedingungen der Flüssigphasenoxydation — konnten 0,5% Methan isoliert werden. Bei der Zersetzung von p-Xylolhydroperoxyd in siedendem Nonan (151°) entstanden 5 Mol% Wasserstoff.

Die Aktivierungsenergie der C—C-Spaltung von Oxyradikalen liegt um 6—7 kcal/Mol höher als die der bimolekularen Reaktion (Gleichung 5). Darum ist die Zersetzung der Hydroperoxyde von der angewandten Temperatur abhängig. Die Zersetzung bei höheren Temperaturen liefert mehr niedere Alkane, da die unimolekulare C—C-Spaltung wahrscheinlicher wird.

Die Kettenabbruchreaktion führt zur Bildung von Sauerstoff und nichtradikalischen Verbindungen. Die Peroxyradikale des Äthylbenzols ergeben Acetophenon und Hydroxyäthylbenzol. Der Reaktionsmechanismus sekundärer Peroxyradikale ist nicht dem der tertiären gleichzusetzen, wie kinetische Messungen ergeben.

Es wurde das Verhalten von Kohlenwasserstoffen mit ihren in α-Stellung zum Benzolkern deuterierten Verbindungen verglichen. Die Oxydation beider Substanzen erfolgte unter gleichen Bedingungen in Gegenwart von α,α'-Azodiisobuttersäurenitril. Durch entsprechenden Sauerstoffüberschuß wird garantiert, daß nur Peroxyradikale an den Abbruchreaktionen beteiligt sind. Das eingesetzte α-D-Cumol oxydiert weniger schnell als normales Cumol. Die langsamere Fortpflanzungsreaktion des deuterierten Cumols ist dafür verantwortlich.

$$ROO\cdot + RH \xrightarrow{k_H} ROOH + R\cdot$$

$$ROO\cdot + RD \xrightarrow{k_D} ROOD + R\cdot$$

Das Verhältnis k_H/k_D beträgt 5,5. Trotzdem wirkte sich dieser Deuteriumseffekt nicht auf die Endreaktion aus, da beide Cumole gleiche Peroxyradikale bilden.

Anders beim deuterierten Äthylbenzol. Die α-Phenyläthylperoxyradikale beenden schneller als ihre α-deuterierten Radikale die Kette. Dies ermöglichte die Bestimmung des Reaktionsmechanismus, der wie folgt angenommen wird:

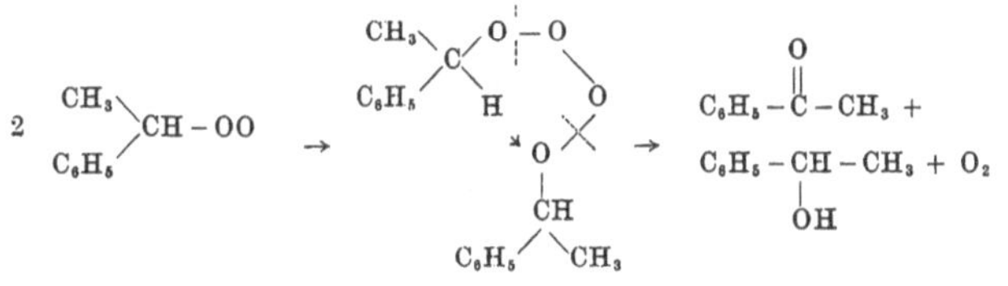

Nur wenn das α-ständige H-Atom zur Peroxygruppe an der Abbruchreaktion beteiligt ist, kann man die verschiedene Geschwindigkeit der Abbruchreaktionen bei deuterierten und normalen Phenyläthylperoxyradikalen verstehen. Die C—D-Bindung ist etwas stabiler als die entsprechende C—H-Bindung und wird schwerer homolytisch gespalten.

2.2.2. Die katalytische Oxydation

Betrachtet man die katalytischen Prozesse der Oxydation mit Sauerstoff, muß man je nach der Wirksamkeit der einzelnen Substanzen verschiedene Gruppen von Katalysatoren unterscheiden. Die Hauptaufgabe der Katalysatoren ist die Erzeugung von Radikalen.

1. Die Katalysatoren können den Kettenstart ermöglichen. Das Metallsalz geht von einer höheren in eine niedrigere Wertigkeitsstufe über, oxydiert dabei den Kohlenwasserstoff indem es eine C—H-Bindung sprengt. Anwesender Sauerstoff sorgt evtl. für die Rückführung des Katalysators in den höherwertigen Zustand.

$$RH + Me^{n(+)} \rightarrow R\cdot + Me^{n-1(+)} + H^+$$

Diese katalytische Wirkung ist besonders in der Anfangsperiode der Oxydation wichtig. Die Anwesenheit derartiger Primärkatalysatoren hebt die Induktionsperiode auf, bzw. verkürzt sie.

2. Die Katalysatoren reagieren mit Sauerstoff und erzeugen dabei Radikale. Dies trifft besonders für Halogenverbindungen zu.

$$HBr + O_2 \rightarrow Br\cdot + HO_2\cdot$$

$$RH + Br\cdot \rightarrow R\cdot + HBr$$

$$R\cdot + O_2 \rightarrow ROO\cdot$$

$$ROO\cdot + HBr \rightarrow ROOH + Br\cdot$$

Sie unterscheiden sich prinzipiell von jenen Substanzen, die man am Anfang der Reaktion hinzugibt, um die zum Kettenstart notwendigen Radikale sofort zu erzeugen. Benzoylperoxyd zerfällt in Radikale, reagiert aber nicht mit Sauerstoff. Der entscheidende Unterschied besteht darin, daß die radikalerzeugende Substanz nur einmalig wirkt (Benzoylperoxyd), während der beschriebene Katalysator (HBr) sich selbst während der Radikalkette regeneriert und viele Male neue Radikale induziert.

3. Die Katalysatoren zersetzen das entstandene Hydroperoxyd, die Zerfallsprodukte sind Radikale, die die Reaktionskette fortsetzen. Viele Schwermetallsalze und -oxyde gehören zu dieser Gruppe.

$$ROOH + Me^{n(+)} \longrightarrow ROO\cdot + H^{(+)} + Me^{n-1(+)} \quad (18)$$

$$ROOH + Me^{n-1(+)} \longrightarrow RO\cdot + OH^{(-)} + Me^{n(+)} \quad (19)$$

Derartige Metallverbindungen, die als Oxydations- und Reduktionsmittel zersetzend auf die gebildeten Hydroperoxyde eingreifen, gestatten die Lenkung des Peroxydzerfalls. An einzelnen Beispielen werden wir die mannigfaltigen Wirkungen der verschiedenen Verbindungen kennenlernen. Diese Metallsalze oder -oxyde sind oft noch gleichzeitig als Primärkatalysatoren wirksam

4. Die Katalysatoren beschleunigen die Oxydation ohne die Hydroperoxyde zu zersetzen. Sie werden weder als Reduktions- noch als Oxydationsmittel wirksam. Sie aktivieren den Sauerstoff und fördern dadurch die natürliche Sprengung einer C—H-Bindung durch Sauerstoff.

$$RH + O_2^* \rightarrow R\cdot + HO_2\cdot$$

Derartige Katalysatoren sind besonders dann notwendig, wenn als Ergebnis der Oxydation von Kohlenwasserstoffen hochprozentiges reines Hydroperoxyd angereichert werden soll.

5. Die selektiv wirkenden Katalysatoren oder auch die „Modifikatoren" genannt, greifen in den Oxydationsvorgang ein und lenken ihn. Während des Prozesses wird dadurch eine bestimmte Zersetzungsreaktion für das Gesamtgeschehen bestimmend. Auf diesem Gebiet gibt es noch wenig Erfahrungen. Das bekannteste Beispiel ist die Verwendung von Borsäure bei der Oxydation der Paraffine, Cycloaliphaten und substituierten aromatischen Verbindungen. Man nimmt an, daß die Peroxyradikale mit der Borsäure oder dem Anhydrid über eine Zwischenverbindung zum Alkohol umgewandelt werden, bzw. die Borsäureester entstehen.

2.2.2.1. Die Einelektronen-Übertragungsreaktion

Der Katalysator wirkt gegenüber dem Hydroperoxyd als Reduktionsmittel. Ein Elektron wird von ihm auf das Hydroperoxyd übertragen. Die O—O-Bindung zerfällt reduktiv.

Das klassische Beispiel dieses Reaktionstypes ist die $Fe^{(+)(+)}$-induzierte Zerstörung von Wasserstoffperoxyd.

$$HOOH + Fe^{(+)(+)} \rightarrow Fe^{3(+)} + OH\cdot + OH^{(-)}$$

$$\cdot OH + Fe^{(+)(+)} \rightarrow Fe^{3+} + OH^{(-)}$$

Ähnlich verläuft die Cumolhydroperoxydspaltung mit $Fe^{(+)(+)}$. Dies kann auf die Mehrheit der Hydroperoxyde ausgedehnt werden.

Die Zerstörung der Ätherhydroperoxyde mit $Fe^{(+)(+)}$ ist eine Möglichkeit, um die gefährlichen Explosionen in Äther, Dioxan, Tetrahydrofuran und anderen derartigen Lösungsmitteln zu vermeiden.

Die $Fe^{(+)(+)}$-induzierte Cumolhydroperoxydzersetzung in wäßriger Emulsion führt zu Acetophenon (71%), Methanol (44%), Dimethylphenylcarbinol (12%) und Gas (Methan u. Äthan 15%). All diese Verbindungen entstehen durch den Zerfall der Cumoloxyradikale. Die quantitative Untersuchung der Zersetzung von Cumolhydroperoxyd mit einer bestimmten Menge $Fe^{(+)(+)}$-Salz ergab, daß die einmal entstandenen $Fe^{3(+)}$-Ionen gegenüber dem Hydroperoxyd nicht zersetzend wirken. Ihre Oxydationskraft ist zu schwach. Das Hydroperoxyd ist ein stärkeres Oxydationsmittel als $Fe^{3(+)}$. Eine geringe Menge $Fe^{2(+)}$-Salz genügt aber, um relativ große Mengen Cumolhydroperoxyd zu zersetzen. Es handelt sich dabei um eine durch entstandene Cumoloxyradikale eingeleitete Kettenreaktion (siehe Gleichung 17).

$$C_6H_5-C(CH_3)_2-OOH + Fe^{2(+)} \rightarrow C_6H_5-C(CH_3)_2-O\cdot + Fe^{3(+)} + OH^{(-)}$$

Den Beweis für das Auftreten der Oxyradikale bei der $Fe^{2(+)}$-Zersetzung erbrachte KHARASCH. Er verwandelte die Zersetzungsreaktion durch Verwendung geeigneter Partner in eine Synthesemethode. Spaltet man tert.-Butylperoxyd mit $Fe^{2(+)}$-Salzen in Gegenwart von Butadien, so reagieren die entstehenden Oxyradikale mit dem konjugierten System durch radikalische 1.2- und 1.4-Addition.

Im Gegensatz zum $Fe^{3(+)}$- langt beim $Co^{3(+)}$-Ion die Kraft zur oxydativen Zersetzung der Hydroperoxyde aus. Die Reaktionsweise derartiger Oxydationsmittel, die dabei ein Elektron abgeben, ist unterschiedlich.

1. Das Oxydationsmittel zerstört das Hydroperoxyd und dabei bildet sich ein Äquivalent Sauerstoff pro Äquivalent des Katalysators (Gleichung 15 und 16).

2. Das Hydroperoxyd wird derart zerstört, daß mehrere Mol Sauerstoff pro Mol des Oxydationsmittels entstehen. Die Cobaltsalze sind dafür charakteristisch (Gleichung 18 und 19).

Die aufgezeigten Unterschiede zwischen $Fe^{3(+)}$ und $Co^{3(+)}$ als Zersetzungskatalysatoren beruhen auf den verschiedenen Oxydationspotentialen.

$$Co^{2(+)} \rightarrow Co^{3(+)} + \Theta + 1{,}82\ V$$

$$Fe^{2(+)} \rightarrow Fe^{3(+)} + \Theta + 0{,}771\ V$$

$$Cu^{(+)} \rightarrow Cu^{2(+)} + \Theta + 0{,}153\ V$$

(Θ = Elektron)

$Fe^{3(+)}$ und $Cu^{2(+)}$ wirken kaum oxydierend auf das Hydroperoxyd. Die entstandenen Cumoloxyradikale leiten eine radikalische Hydroperoxydzersetzung ein. Die Aktivierungsenergie der $Co^{3(+)}$-katalysierten Zersetzung beträgt ca. 10 kcal/Mol und die der Kettenreaktion ca. 13 kcal/Mol. Auf Grund des hohen Oxydationspotentials verläuft die Zersetzung mit $Co^{3(+)}$ schneller als die mit $Co^{2(+)}$. Die Zersetzungsreaktion mit $Fe^{2(+)}$ hat eine Aktivierungsenergie von ca. 12 kcal/Mol. Hier ist umgekehrt die Zersetzung mit $Fe^{2(+)}$ schneller als die mit $Fe^{3(+)}$. Als Endprodukt liegt immer $Fe^{3(+)}$-Salz vor. Die Zersetzung mit $Cu^{(+)}$ besitzt eine Aktivierungsenergie von ca. 25 kcal/Mol und liegt damit wie $Co^{2(+)}$ und $Fe^{3(+)}$ über dem Wert der Kettenreaktion. Die $Cu^{(+)}$-Zersetzung ist rascher als die $Cu^{2(+)}$-Spaltung der Hydroperoxyde.

Die durch $Fe^{2(+)}$ und $Cu^{(+)}$ entstehenden Cumoloxyradikale sind „aktiv“. Sie initieren die Kettenreaktion. Bei Verwendung von $Co^{2(+)}$ werden die gleichen Radikale nicht derart wirksam. Diese Cumoloxyradikale reagieren ebenfalls mit dem Hydroperoxyd. Sie werden aber u. a. von dem vorhandenem $Co^{3(+)}$ weiteroxydiert.

$$Co^{3(+)} + RO\cdot \rightarrow Co^{2(+)} + RO^{(-)} \qquad (20)$$

Der Hauptgrund liegt in der verschiedenen Zersetzungsgeschwindigkeit der Gleichung 18. Der geschwindigkeitsbestimmende Schritt beim Eisen und Kupfer ist Gleichung 18. Für Eisen und Kupfer ist die radikalische Kettenreaktion energetisch begünstigt, während beim Kobalt diese Zersetzung energetisch ungünstiger liegt, und Gleichung 19 der geschwindigkeitsbestimmende Schritt ist.

H. Hock hat besonders eingehend die metallkatalysierte Autoxydation von Cumol untersucht. Eine Vielzahl von Arbeiten anderer Autoren sind diesem Themenkreis gewidmet. Fast alle Metallsalze und -oxyde des Periodischen Systems wurden auf ihre katalytische Wirksamkeit überprüft.

Die Verbindungen des Na, Mg, Hg, und Al, die außer Quecksilber nur eine Wertigkeitsstufe besitzen, zersetzen die Hydroperoxyde nicht.

Katalytisch wirksam sind alle Verbindungen von Metallen mit mehreren Wertigkeitsstufen. Sie zersetzen mehr oder weniger stark die Hydroperoxyde. Dabei entsteht Wasser. Die radikalische katalytische Zersetzung verläuft selbst bei Temperaturen über 100° schneller als die thermische. Zu dieser Gruppe gehören auch die Verbindungen, die mehrere Elektronen auf- bzw. abgeben können.

Bisher haben wir Substanzen betrachtet, die ein Elektron übertragen. Bleidioxyd und Bleitetraacetat können ein oder zwei Elektronen übertragen.

2.2.2.2. Die Zweielektronen-Übertragungsreaktion — Primärkatalyse

Bleidioxyd, welches auch dehydrierende Eigenschaften hat, dient in der Anfangsperiode der Oxydation bei Abwesenheit bzw. bei zu geringer Konzentration von Hydroperoxyd als Katalysator, indem es eine C—H-Bindung oxydativ spaltet. Das entstehende Kohlenstoffradikal startet die Kette. Diesen Vorgang bezeichnet man als Primärkatalyse. Die experimentellen Beobachtungen bestätigten diese Annahme. Während der Oxydation nimmt die PbO_2-Konzentration laufend ab. Es bildet sich PbO, welches ebenfalls katalytisch wirkt. Folgender Mechanismus kann angenommen werden.

$$RH + Pb^{4(+)} \longrightarrow R\cdot + Pb^{3(+)} + H^{(+)}$$

$$ROOH + Pb^{4(+)} \xrightarrow{k} ROO\cdot + Pb^{3(+)} + H^{(+)}$$

$$ROOH + Pb^{3(+)} \xrightarrow{k_{\prime}} ROO\cdot + Pb^{2(+)} + H^{(+)}$$

Die Reaktionsgeschwindigkeiten obiger Umsetzungen sind infolge der verschiedenen Oxydationskraft von $Pb^{4(+)}$ und $Pb^{3(+)}$ unterschiedlich, dabei ist k sehr viel größer als $k_{\prime}$. Dreiwertige Bleiverbindungen können wahrscheinlich nur oxydativ und nicht reduktiv das Hydroperoxyd spalten. Die Palette der Wirkung von Bleisalzen umfaßt noch folgende Reaktionen:

$$ROOH + Pb^{2(+)} \rightarrow ROO\cdot + H^{(+)} + Pb^{(+)}$$

$$ROOH + Pb^{2(+)} \rightarrow RO\cdot + OH^{(-)} + Pb^{3(+)}$$

$$ROOH + Pb^{(+)} \rightarrow RO\cdot + OH^{(-)} + Pb^{2(+)}$$

Gegenüber $Cu^{(+)}$, $Co^{2(+)}$, $Fe^{2(+)}$ ist die Zersetzung der Hydroperoxyde durch PbO_2 geringer. Sicher ist das auch darauf zurückzuführen, daß PbO_2 infolge Primärkatalyse schon in der Anfangsperiode reduziert wird und die entstehenden $Pb^{2(+)}$-Ionen weniger katalytisch wirken.

Anders liegen die Verhältnisse, wenn das Hydroperoxyd mit Bleitetraacetat zersetzt wird. $Pb^{4(+)}$ wirkt nicht katalytisch im Sinne der ständigen Zurückbildung wie $Co^{3(+)}$, sondern einmalig als Oxydationsmittel. Es entreißt dem Hydroperoxyd zwei Elektronen unter Sauerstoffentwicklung. Die Zersetzung von Hydroperoxyden mit Bleitetraacetat wurde von Criegee zum qualitativen und quantitativen Nachweis eingeführt.

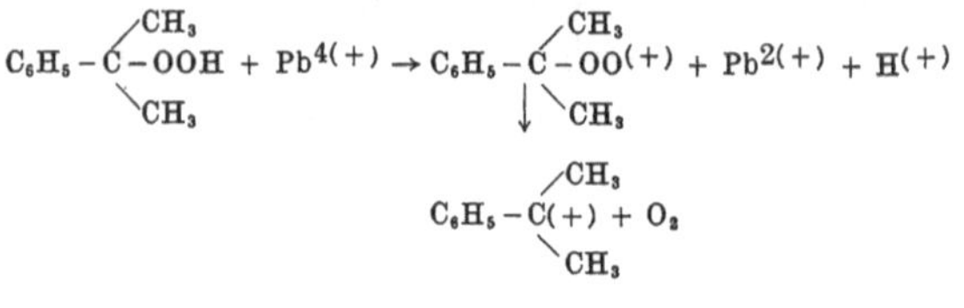

2.2.2.3. *Die Wirkung der verschiedenen Metallkatalysatoren*

Trotz der Tatsache, daß die katalytische Wirkung der mehrwertigen Metallverbindungen auf die Bildung von Oxy- und Peroxyradikalen zurückzuführen ist, ergibt die Oxydation unter sonst gleichen Bedingungen bei Zusatz verschiedener Metallverbindungen eine verschiedenartige Zusammensetzung der Endprodukte.

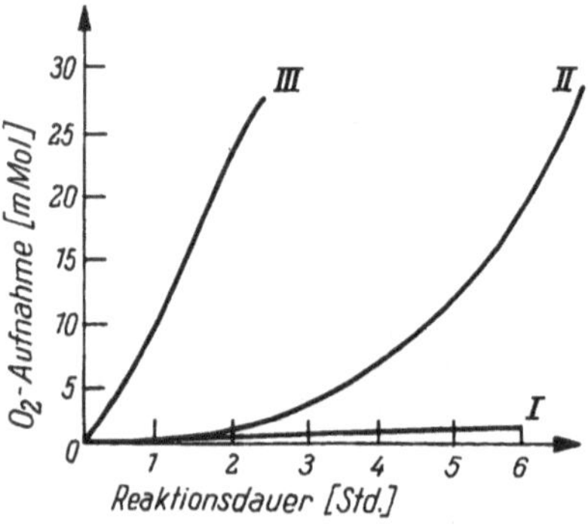

Abb. 4 Autoxydation von Cumol bei 77,2° (O_2-Aufnahme in Abhängigkeit von der Reaktionsdauer)

I 30 g Cumol ohne Katalysatorzusatz
II 30 g Cumol + 0,125 mMol Pb(II)palmitat
III 30 g Cumol + 0,25 mMol PbO_2

Lit. H. Hock u. H. Kropf, J prakt. Chem. [4], 6 (1958), 120

Bei der Oxydation von Cumol interessiert besonders das Verhältnis Acetophenon zu Diphenylmethylcarbinol. Amphotere Oxyde wie MnO_2 (obwohl verschiedene Wertigkeit möglich), ZnO und Al_2O_3 führen zu einer Erhöhung des Ketongehaltes auf Kosten des Carbinols, während die Anhydride von Metallsäuren wie Vanadinpentoxyd und sechswertiges Molybdänoxyd ebenfalls den Ketonanteil sehr erhöhen, aber den Gesamtumsatz stark herabsetzen.

Die Wirkung der verschiedenen Metallkatalysatoren kann man durch Bestimmung und graphische Darstellung der Sauerstoffaufnahme zur Reaktionsdauer zeigen.

Primärkatalysatoren wie PbO_2 entreißen dem Kohlenwasserstoff H-Atome. Die Startradikale für die Ketten-

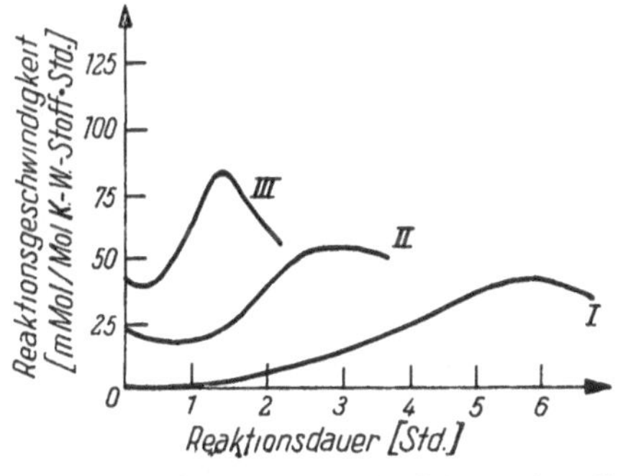

Abb. 5 Autoxydation von Cumol bei 77,2° (Reaktionsgeschwindigkeit in Abhängigkeit von der Reaktionsdauer)

I 30 g Cumol + 0,125 mMol Pb(II)palmitat

II 30 g Cumol + 0,125 mMol PbO_2

III 30 g Cumol + 0,25 mMol PbO_2

Lit. H. Hock u. H. Kropf, J. prakt. Chem. [4], 6 (1958), 120

reaktion liegen gleich zu Anfang der Oxydation vor. Die Induktionsperiode entfällt (Abb. 4).

Metallsalze mit weniger großer Oxydationskraft fördern den autokatalytischen Prozeß der Oxydation, können aber die Induktionsperiode nicht wesentlich verkürzen. Die Induktionsperiode kommt zustande, weil Startradikale geschaffen werden müssen. Ihre Dauer ist abhängig von der zu oxydierenden Substanz, deren Reinheit und der Art der zugesetzten Katalysatoren.

Metallsalze geringer Oxydationskraft und zusätzlich geringe Mengen von Hydroperoxyden verhindern eine Induktionsperiode. Die Metallkatalysatoren zersetzen die Hydroperoxyde, erzeugen Startradikale und die Oxydation beginnt sofort mit meßbarer Geschwindigkeit.

Die Rolle des PbO_2 kann man sehr gut an der Abb. 5 ablesen. Die Oxydation beginnt ohne Induktionsperiode, das Bleidioxyd bildet Startradikale und verbraucht sich dabei. Die fördernde Wirkung des Bleidioxydes nimmt ständig ab. Trotz des autokatalytischen Charakters der Oxydation wird dies durch das Minimum im Diagramm sichtbar.

Bei der metallkatalysierten Oxydation werden außer bei der Primärkatalyse die Zusätze nur in Verbindung mit dem Hydroperoxyd wirksam. Der Weg zu dieser Erkenntnis weist viele heute überholte Arbeitshypothesen auf. Die älteste Anschauung sah die Metallsalze und besonders die Metalloxyde als die eigentlichen Sauerstoffüberträger an. Der radikalische Charakter der Oxydation mit O_2 war damals (1910—1920) noch nicht bekannt. Nach H. Wieland beruht die Wirkung der Katalysatoren auf der Ausschaltung hemmender Substanzen (Antioxydantien). Die Metallverbindungen führen zur unmittelbaren Aktivierung des Kohlenwasserstoffes. Wenige Jahre später (1932) sprach W. Frank den Gedanken aus, daß die entstehenden Substratperoxyde von den Katalysatoren aktiviert werden. Wittig knüpfte an die alte Auffassung der Rolle der Metalloxyde als Sauerstoffüberträger an und berücksichtigte die radikalische Natur der Oxydation. Seiner Meinung nach bilden sich Metallperoxyradikale, die mit dem Kohlenwasserstoff reagieren. Dabei bilden sich die kettenauslösenden Startradikale. Robertson und Waters haben zum weiteren Ausbau besonders der Theorie der Primärkatalyse beigetragen.

Das bisher dargelegte experimentelle Material gestattet die Aussage, daß die Metallionen nicht den Sauerstoff aktivieren und auch nicht die Sauerstoffübertragung katalysieren.

Als Metallsalze kommen nicht nur die bekannten anorganischen Verbindungen, sondern besonders auch Salze von Fettsäuren, Naphthen- und Harzsäuren in Frage. Komplexgebundene Metallionen wirken ebenfalls katalytisch.

Nicht alle bei Hydroperoxyden wirksamen Metallsalze führen zur Zersetzung von Peroxyden wie Dialkyl-, Diacyl- oder cyclischen Peroxyden. So wirkt $Cu^{(+)(+)}$-octanat (Kupfersalz der α-Äthylcapronsäure) nicht auf diese Peroxyde. Im Gegensatz zu dem reduktiven und oxydativen Zerfall der Hydroperoxyde können die Peroxyde nur oxydierend wirken.

2.2.2.4. Die kombinierte Katalyse

$Fe^{(+)(+)}$-acetylacetonat zersetzt z. B. Benzoylperoxyd und geht dabei in den dreiwertigen Eisenkomplex über. Dieser ist unwirksam. Gibt man aber ein Reduktionsmittel zu, so entsteht ständig neues $Fe^{(+)(+)}$-acetylacetonat und der katalytische Zersetzungsvorgang verläuft mit geringen Katalysatormengen, wenn genügend Reduktionsmittel vorhanden ist.

Kern beschreibt bei der Autoxydation des Linolsäuremethylesters das *System Benzoylperoxyd–$Fe^{3(+)}$-acetylacetonat–Benzoin*. Weder $Fe^{3(+)}$-acetylacetonat noch Benzoin reagieren mit Benzoylperoxyd. Benzoin reduziert den dreiwertigen Eisenkomplex und damit wird die Zersetzung von Benzoylperoxyd möglich. Die Oxydation von Linolsäuremethylester wird durch das System $Fe^{3(+)}$-acetylacetonat–Benzoin gewaltig gesteigert. Während der dreiwertige Eisenkomplex nur geringe katalytische Wirkung besitzt, sorgt das Benzoin für die ständige Erneuerung des aktiven zweiwertigen Eisenkomplexes und fördert die autokatalytische Reaktion. Die Sauerstoffmenge, die unter Normalbedingungen von Linolsäuremethylester in 150 Minuten aufgenommen wurde, wird durch Unterstützung der kombinierten Katalyse schon in 5 Minuten absorbiert.

2.2.2.5. *Die chemisorptive Aktivierung des molekularen Sauerstoffes*

Die Auffassung, daß besonders bei der Primärkatalyse durch Metalloberflächen oder durch Schwermetallionen aktivierter Sauerstoff die zur Oxydation notwendigen C-Radikale erzeugt, wurde schon in den vergangenen Jahrzehnten besonders von P. George und A. Robertson, W. Wittig und I. P. Fortuin ausgesprochen.

$$Me^{n(+)} + O_2 \rightarrow Me^{n(+)}{-}OO\cdot + RH \rightarrow Me^{n(+)} + R\cdot + HO_2\cdot$$

2.2.2.5.1. *Die Aktivierung durch Metall-Phthalocyanine*

Erstmalig konnte H. Kropf zeigen, daß bestimmte Schwermetallphthalocyanine als Oxydationskatalysatoren in gewissen Temperaturbereichen wirken, ohne gleichzeitig die radikalische Zersetzung der Hydroperoxyde herbeizuführen.

Durch Sauerstoffbegasung von Cumol, p-Xylol, Toluol, Äthylbenzol, p-Cymol u. a. Kohlenwasserstoffen konnten in Gegenwart der Schwermetallphthalocyanine reine Hydroperoxyde ohne wesentliche Nebenprodukte erhalten werden. Bei Verwendung von Metallkomplexen der I. und II. Gruppe des Periodensystems (Cu, Zn, Mg) findet praktisch nur die Hydroperoxydbildung statt. Das zugesetzte Phthalocyanin wirkt nicht dadurch aktivierend, daß es Hydroperoxyde nach einer Reaktion erster oder zweiter Ordnung zersetzt.

Bei Kupferphthalocyanin konnte eine Abhängigkeit der Halbleitereigenschaften vom Sauerstoffdruck beobachtet werden. Auch am kristallisierten β-Carotin wurde gezeigt, daß mit zunehmender O_2-Adsorption der Wert ΔH der Aktivierungsenergie der Halbleiterfähigkeit herabgesetzt wird. Die Erhöhung der Leitfähigkeit kommt durch die Chemisorption der O_2-Moleküle zustande, da der gebundene Sauerstoff dem Phthalocyaninmolekül ein Elektron entzieht. Es bildet sich das aktive Radikal-Ion, welches in der Lage ist, Kohlenwasserstoffe und Hydroperoxyde unter Rückbildung des Phthalocyanins zu dehydrieren.

$$\text{Cu-}\textit{phthal.}^{(+)}(O_2\cdot)^{(-)} + RH \rightarrow R\cdot + HOO\cdot + \text{Cu-}\textit{phthal.}$$

$$+ ROOH \rightarrow ROO\cdot + HOO\cdot + \text{Cu-}\textit{phthal.}$$

$$ROO\cdot + RH \rightarrow ROOH + R\cdot$$

H. Kropf nimmt beim Kupferphthalocyanin in Gegenwart von Sauerstoff folgendes Gleichgewicht an:

$$\text{Cu-}\textit{phthal.} + O_2 \rightleftharpoons \text{Cu-}\textit{phthal.}^{(+)}(O_2\cdot)^{(-)}$$

Der gebildete Kupferphthalocyanin/Sauerstoffkomplex reagiert mit dem Kohlenwasserstoff und wirkt als Primärkatalysator.

Oberhalb 100–105° gilt dieser Mechanismus für Cu-phthalocyanin nicht mehr. Die Aktivierung des molekularen Sauerstoffes weicht der Zersetzung der gebildeten Hydroperoxyde an der Oberfläche des Katalysators.

$$2ROOH + \text{Cu-}\textit{phthal.} \rightarrow RO_2\cdot + RO\cdot + H_2O + \text{Cu-}\textit{phthal.}$$

$$2ROO\cdot + \text{Cu-}\textit{phthal.} \rightarrow \textit{inaktive Prod.} + \text{Cu-}\textit{phthal.}$$

2.2.2.5.2. Die Chemisorption von O_2 an Metalloberflächen

Sie führt ebenfalls durch die Dehydrierungsaktivität des entstandenen $(\cdot O_2)^{(-)}$-Ions zur Aktivierung des Sauerstoffes.

Entsprechend der Arbeiten von J. H. de Boer und J. P. Fortuin sind dazu nur Edelmetalle fähig, weil deren Elektronenaustrittspotentiale groß genug sind. Nur bei ihnen ist die Aktivierungsenergie der Adsorption größer als die der Desorption, während bei den Alkali- und

Erdalkalimetallen das andere Extrem eintritt. Die Aktivierungsenergie der Desorption von O_2 ist groß gegenüber der der Adsorption.

2.2.3. Die saure Spaltung von Hydroperoxyden

Hock führte die säurekatalytische Zerstörung des Cumolhydroperoxydes mit 10%iger Schwefelsäure durch. Er erhielt dabei Phenol und Aceton. Andere Autoren untersuchten die saure Zersetzung der verschiedensten Hydroperoxyde mit tertiärer, sekundärer und primärer OOH-Gruppe. Der wahrscheinlichste Mechanismus der Zerstörung des Cumolhydroperoxydes wurde von Vaughan wie folgt formeliert:

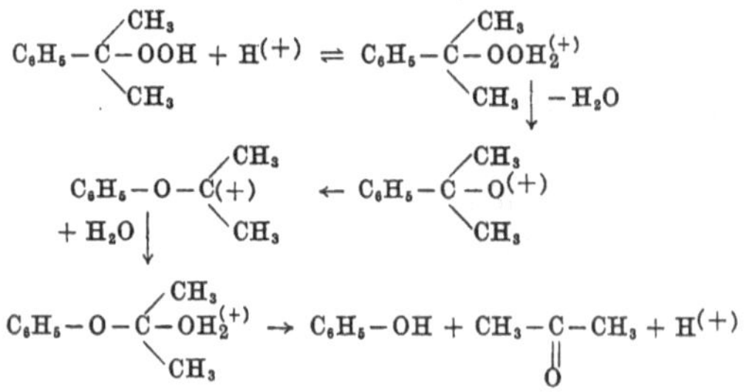

Das anfallende Acetophenon wird oft als ein Nebenprodukt der sauren Zersetzung von Cumolhydroperoxyd angesehen. Dabei nimmt man an, daß bei der Stabilisierung des Sauerstoffkations zum Carbeniumkation nicht nur der Phenylrest, sondern auch eine der beiden Methylgruppen wandern kann. Dies ist prinzipiell möglich und bei anderen tertiären Hydroperoxyden wurde dies auch bestätigt. In unserem Falle wandert ausschließlich die Phenylgruppe. Das teilweise auftretende Acetophenon entsteht durch thermische Zersetzung des Hydroperoxydes während der Oxydation oder der sauren Zersetzung.

Als saure Reagenzien zur Zersetzung der verschiedenen Hydroperoxyde kamen bisher Schwefelsäure in Wasser, in wäßriger Essigsäure, in Eisessig, in Acetanhydrid und in Dioxan; Perchlorsäure in Essigsäure und in wäßrigem Äthanol; p-Toluolsulfonsäure in 50%iger Essigsäure; Schwefelsäure in Aceton und in Phenol-Acetongemisch; Monomethylschwefelsäure in abs. Methanol zur Anwendung. Die Zerstörung der Hydroperoxyde erfolgt nur durch starke LEWIS-Säuren. So ist HCl in Essigsäure nicht stark genug und unwirksam. $FeCl_3$ in Alkohol ist ebenfalls eine schwache Säure, während gleiche Verbindung in Benzol als starke LEWIS-Säure wirkt.

Die saure Zersetzung vollzieht sich in der Form, daß sich das Proton an die Hydroperoxydgruppe anlagert und durch Wasserabspaltung das Sauerstoffkation entsteht, welches sich stabilisiert. Die Art der Stabilisierung hängt wesentlich von der Struktur der Verbindung ab. Bei tertiären Hydroperoxyden bilden sich bevorzugt Carbeniumkationen.

2.2.4. Die CRIEGEEsche Umlagerung

Im Mittelpunkt der sauren heterolytischen Spaltung der O—O-Bindung steht die Umlagerung des Sauerstoffkations zum Carbeniumkation. Diese Reaktion wurde erstmalig von CRIEGEE bei der Umlagerung des Dekalinhydroperoxyesters aufgeklärt. WIELAND beobachtete sie bereits am Triphenylmethylperbenzoat.

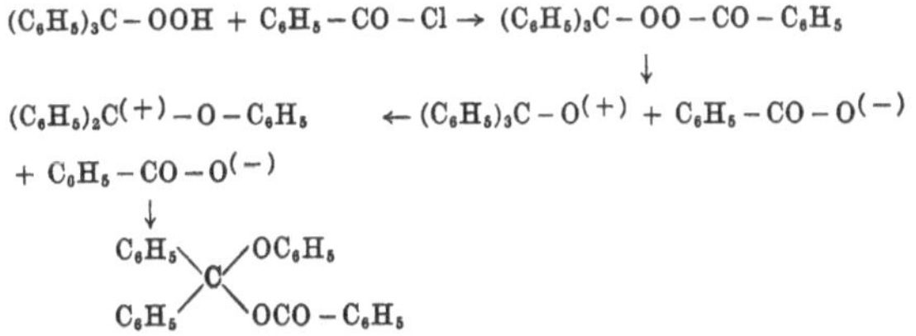

Die HOCKsche Spaltung und CRIEGEEsche Umlagerung bei Hydroperoxyden mehrkerniger partiell hydrierter Aromaten untersuchte W. TREIBS. Die saure Zersetzung des Hexahydrofluorenhydroperoxydes ergab das 12-Hydroxy-1.2.3.4.11.12-hexahydroxanthen. Verwendet man an Stelle von wäßriger Schwefelsäure abs. Methanol und geringe Mengen konz. H_2SO_4, so entsteht das Ketal. Unter Beteiligung des vorhandenen Lösungsmittels stabilisiert sich das Carbeniumkation.

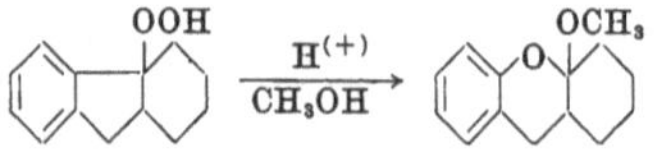

Dies konnte bei der Autoxydation von Tetrahydroacenaphthen bewiesen werden. Die Oxydation erfolgte in abs. Methanol in Gegenwart von Protonen. Das entstehende Hydroperoxyd wird sofort zersetzt und als Hauptprodukt bildete sich das Ketal. Nebenbei entstand in geringer Menge das Halbacetal. Da dieses durch die Reaktionslösung nicht in das Vollacetal überführt werden kann, und auch die umgekehrte Reaktion nicht erfolgt, konnte bestätigt werden, daß beide Verbindungen durch Wasser- oder Methanolanlagerung an das intermediär gebildete Carbeniumkation entstehen.

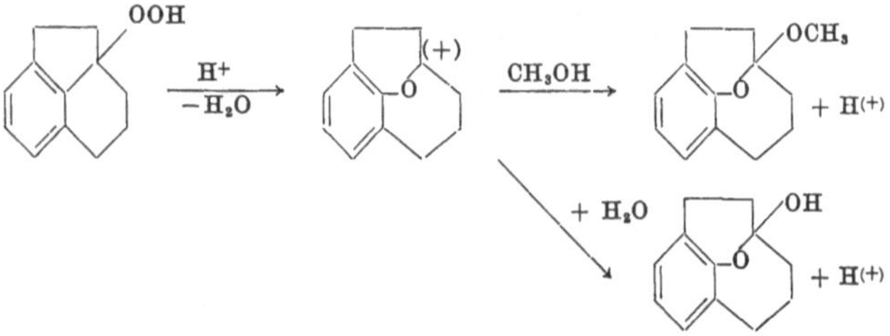

Die kurzzeitige Existenz des Sauerstoffkations ist ebenfalls nachweisbar. Dieses kann sich nicht nur zum Carbeniumkation stabilisieren, wie die Oxydation des 1.2.3.4-Tetrahydrofluoranthens beweist. Der ungesättigte Äther 2.3-Dihydro-1.9-benzoxanthen kann nur über das Carbeniumkation entstanden sein. Die Stabilisierung kann auch unter Sprengung einer benachbarten C—C-Bindung zum

Fluorenongerüst führen. Bei der sauren Spaltung des 9-Methylfluorenylhydroperoxydes wird diese Reaktion ebenfalls verwirklicht. Das Sauerstoffkation bildet eine

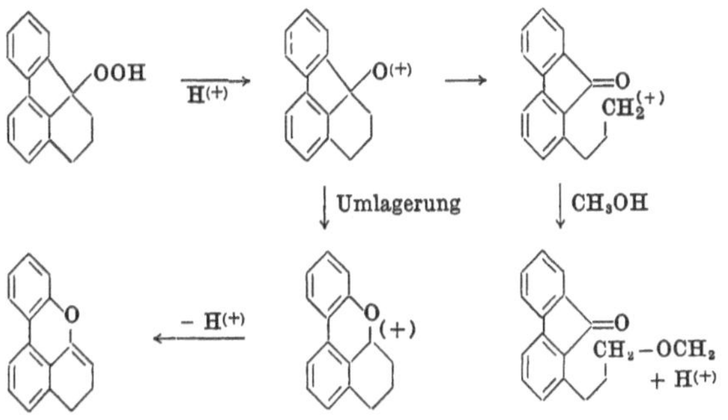

2.3-Dihydro-1.9-benzoxanthen

Ketogruppe, die in Konjugation zu den beiden aromatischen Kernen steht. Diese Spaltung wird durch die Einebnung eines großen Teils des Moleküls begünstigt.

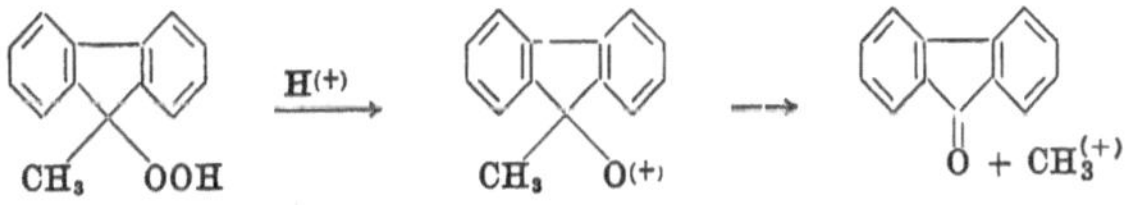

Bei der Sauerstoffbegasung der mehrkernigen partiell hydrierten Aromaten Tetrahydroacenaphthen, Hexahydrofluoren, Hexahydrophenalin, 1.2.3.4.5.8.9.10.11.16-Dekahydropyren und Cyclohept-[c.d]-indan entstanden in Cumolstellung Hydroperoxyde. Sie wurden in die Perester übergeführt und unterlagen der CRIEGEEschen Umlagerung.

Die durch Hydrolyse der Lactolester erhaltenen Ketophenole zeigten interessante Eigenschaften in Abhängigkeit zur Ringgröße. Bei ihnen bildete sich ein Halbketal–Ketophenolgleichgewicht aus. Das Halbketal des Tetrahydroacenaphthens ließ sich nicht in die Ketophenolform umlagern, während bei allen anderen Ketophenolen das Gleichgewicht beobachtet wurde.

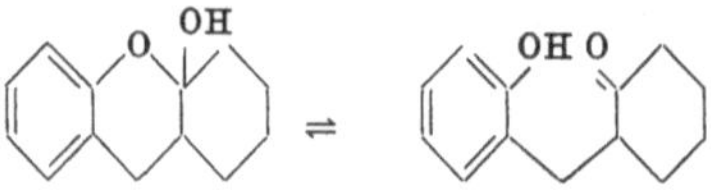

Halbketalform Ketophenolform

Das Cyclopent-[c.d]-indanhydroperoxyd unterliegt nicht der CRIEGEEschen Umlagerung. Unter Abspaltung von p-Nitrobenzoesäure zersetzt sich der entsprechende Persäureester. Die „transanullare Sauerstoffbrücke" kann sich aus sterischen Gründen

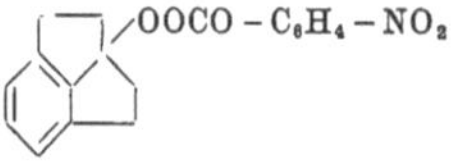

nicht bilden. Das Sauerstoffkation des Tetrahydrofluoranthens war ja ebenfalls nur in der Lage, eine der beiden möglichen Sauerstoffbrücken zum Benzolkern zu bilden.

2.2.5. Die saure Zersetzung sekundärer und primärer Hydroperoxyde

Die Bildung von Carbonylgruppen, die bei den tertiären Hydroperoxyden durch Sprengung einer C—C-Bindung möglich ist, erfolgt bei der sauren Zersetzung von sekundären und primären Hydroperoxyden auf zwei Wegen. Als Beispiel soll uns das Phenyläthylhydroperoxyd dienen. Das entstehende Sauerstoffkation stabilisiert sich hauptsächlich wie folgt:

$$C_6H_5-\underset{\substack{|\\CH_3}}{CH}-O^{(+)} \rightarrow C_6H_5-O-\underset{\substack{|\\CH_3}}{\overset{(+)}{CH}} \xrightarrow{H_2O} C_6H_5-OH + CH_3-CH{=}O$$

$$\searrow \quad C_6H_5-\underset{\substack{\|\\O}}{C}-CH_3 + H^{(+)}$$

Aus dem Carbeniumkation bildet sich unter Wasseranlagerung Phenol und Acetaldehyd. Formaldehyd und p-Kresol entstehen aus dem p-Xylolhydroperoxyd. Gleichzeitig stabilisiert sich das Sauerstoffkation unter Sprengung einer benachbarten C–H-Bindung. Als Spaltprodukt des Phenyläthylhydroperoxydes bildet sich dadurch ebenfalls Acetophenon.

Die Umlagerung der Sauerstoffkationen in die entsprechenden Carbeniumkationen durch Wanderung eines Restes wurde eingehend untersucht. Die Gruppe mit der größten Elektronenüberschußladung besitzt die höchste Wanderungstendenz. In allen bisher besprochenen Fällen war das die Phenylgruppe. Bei der sauren Zersetzung von Mono-p-nitrotriphenylmethylhydroperoxyd ist die Nitrophenylgruppe schwach positiv geladen, da die Nitrogruppe dem Benzolkern Elektronenladung entzieht. Deshalb beteiligt sich der Nitrophenylrest nicht an der Umlagerung. Die Zersetzungsprodukte sind in Übereinstimmung mit der Theorie p-Nitrobenzophenon und Phenol.

2.3. Die photochemische Oxydation

Über die erste photochemische Oxydation ohne Sensibilisator berichteten 1926 Moureu und Dufraisse. Sie stellten Rubrenperoxyd durch Belichten der Lösung des Kohlenwasserstoffes an der Luft dar. In den folgenden zwei Jahrzehnten haben Dufraisse und Mitarbeiter viele ähnliche Peroxyde, wie Anthracenperoxyd und Peroxyde zahlreicher Anthracenderivate mit Substituenten in meso-Stellung dargestellt. Andere Autoren gewannen aus Pentacen durch Belichten das Endoperoxyd.

Das erste Endoperoxyd durch photochemische Oxydation in Gegenwart von Sensibilisatoren erhielten A. Windaus und J. Brunken. Sie wollten aus Ergosterin durch Bestrahlen mit Sonnenlicht in Gegenwart von Photosensibilisatoren einen rachitisch wirksamen Stoff herstellen. Als Ergebnis ihrer Versuche erhielten sie im Jahre 1928 das Endoperoxyd des Ergosterins.

2.3.1. *Die Rolle der Sensibilisatoren*

Die Anlagerung von Sauerstoff an ein Dien wird durch Bestrahlen in Gegenwart eines Sensibilisators begünstigt. Diese Reaktion kann man mit einer DIELS-ALDER-Synthese vergleichen. Als Sensibilisatoren haben sich Eosin, Fluorescein, Erythrosin, Rhodamin B, Pseudoisocyanin, Chlorophyll, Methylenblau u. a. bewährt.

Voraussetzung ist die Anwendung des Verdünnungsprinzips, damit das entstehende primäre peroxydische Biradikal des Diens möglichst nicht mit dem Ausgangsprodukt Polymere bilden kann. Die Konzentration sollte nicht über 3% steigen. Auch die Art des Lösungsmittels ist nicht ohne Einfluß auf die Umsetzung. Bevorzugt wird Isopropanol neben Benzol, Aceton, Pyridin und anderen Lösungsmitteln.

Der Sensibilisator ist an der Oxydationsreaktion unmittelbar beteiligt. Man kann sie mit einer Zwischenstoffkatalyse vergleichen. Der Sensibilisator wird durch die eingestrahlten Lichtquanten aktiviert. SCHENK nimmt an, daß sich ein „phototrop-isomeres Diradikal" bildet.

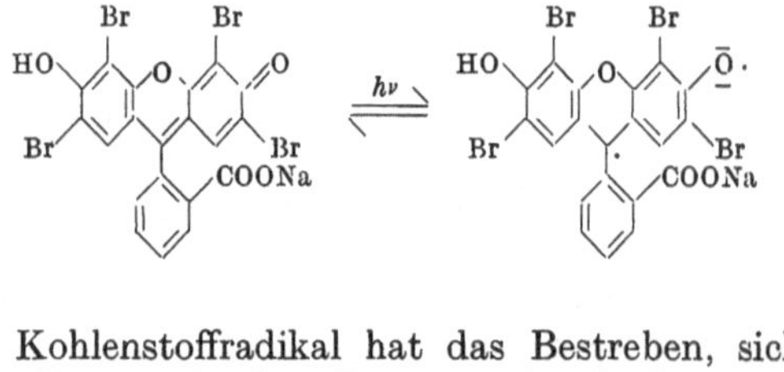

Das Kohlenstoffradikal hat das Bestreben, sich mit Sauerstoff zu verbinden. Das entstehende Peroxyradikal besitzt weiterhin eine biradikalische Struktur. Das Sauerstoffradikal wirkt dagegen dehydrierend. Beide biradikalischen Strukturen haben eine begrenzte Lebensdauer. Sie kehren leicht in den Grundzustand zurück. Das Peroxyradikal gibt dabei den Sauerstoff ab.

Das kurzlebige Peroxyradikal reagiert mit dem Dien unter Endoperoxydbildung, dabei bildet sich der Sensibilisator ebenfalls zurück. Die dehydrierende Wirkung des Biradikals wird bei der Anlagerung von Sauerstoff an Diene nicht wirksam.

Die dehydrierende Rolle konnte von SCHENK ebenfalls experimentell bestätigt werden. Er verwandte als Sensibilisatoren Verbindungen, die beim Übergang in den biradikalischen Zustand kein Kohlenstoffradikal bilden. Dies trifft besonders für Chinone zu.

Bekanntlich reagiert Schwefeldioxyd nur mit Chloratomen, nicht aber mit Chlormolekülen. Genau so verhält es sich mit dem Sauerstoff des Chinons. Mit Phenanthrenchinon reagiert SO_2 nur in Gegenwart von Licht, dabei entsteht der cyclische Schwefelsäureester des 9.10-Dioxyphenanthrens. Der biradikalische Zwischenstoff des Sensibilisators stellt ein höchst reaktionsfähiges Molekül dar und ist in der Lage, selbst Toluol zum Radikal zu dehydrieren. Dabei geht er in Phenanthrenhydrochinon über. Die biradikalische Struktur wird nur durch Belichten erreicht. Durch Wärmeenergie konnte eine Sensibilisationswirkung nicht beobachtet werden.

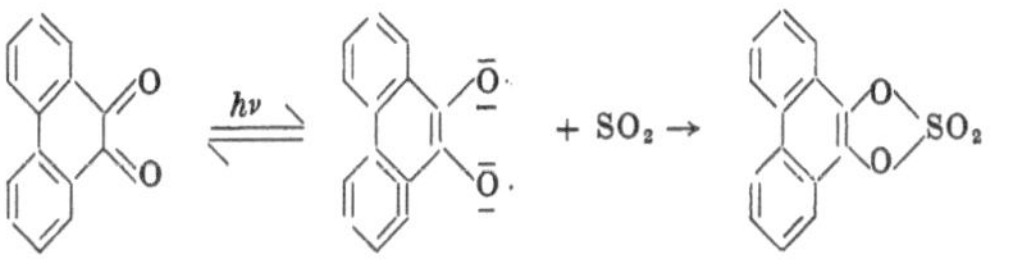

Eingehend untersucht wurde auch die Rolle des Chlorophylls als Sensibilisator. Es ist in der Lage, unter dem Einfluß von Licht ein Wasserstoffatom abzugeben. So vermag Chlorophyll in Gegenwart anderer H-Donatoren bei Belichtung die Reduktion von Chinon, Methylenblau u. a. zu katalysieren. Als Wasserstoffdonatoren kommen Wasser oder Alkohol in Frage.

Chlorophyll wirkt bei der Oxydation als Zwischenstoffkatalysator. Nach Ansicht verschiedener Autoren bildet sich aus dem freiwerdenden Wasserstoffatom in Gegenwart von Sauerstoff das Radikal HOO·. Dieses könnte mit einem Kohlenwasserstoff unter Bildung eines Startradikals reagieren. Ebenfalls wäre die Umsetzung mit Olefinen und Dienen möglich. Andererseits zeigen besonders neuere Arbeiten, daß die photosensibilisierende Rolle des Chlorophylls durch eine Sauerstoffanlagerung eingeleitet wird. Anschließend erfolgt die Umsetzung mit dem Dien. Die Zwischenverbindung des Chlorophylls mit dem Sauerstoff ist noch ungeklärt.

2.3.2. Die photochemische Oxydation von Dienen

Die Darstellung von Endoperoxyden aus Dienen ist allgemein anwendbar. In der Natur kommt im amerikanischen Wurmsamenöl das Ascaridol als Hauptbestandteil vor, wie aus einer Veröffentlichung der Firma Schimmel & Co. aus dem Jahre 1908 hervorgeht. Ascaridol ist das bisher einzige natürlich vorkommende stabile organische Peroxyd. Die Darstellung aus α-Terpinen stieß anfangs auf Schwierigkeiten. Erst die starke Verdünnung verdrängt die polymerisierende Oxydation. Cyclopentadien, Cyclohexadien, cyclische Diene der Terpene geben gute Ausbeuten an cyclischen Peroxyden.

Bei diesen Reaktionen wirken die Sensibilisatoren im Sinne der Peroxydsynthese. Gleichzeitig hemmen sie die weitere Oxydation des schon gebildeten Peroxydes. Ascaridol wird von Luft weiteroxydiert, die Gegenwart von Methylenblau verzögert diese Reaktion.

Die Furane reagieren ebenfalls unter den geschilderten Bedingungen als Diene. Bekanntlich reagiert Furan als Dien mit Maleinsäureanhydrid. Der quasiaromatische Zustand ist noch nicht stark ausgeprägt. Bei den Furanen muß man zwischen der photosensibilisierten und normalen Oxydation mit Sauerstoff unterscheiden. Die Endprodukte sind unterschiedlich. Die Furane geben als Flüssigkeit oder in Lösung Oxydationsprodukte mit einem zusätzlichen Sauerstoffatom. Als Primärprodukt bildet sich kein Hydroperoxyd, weil in α-Stellung zur Doppelbindung keine C—H-Bindung aktiviert werden kann. Selbst tetrasubstituierte Furane werden gleichermaßen oxydiert. Die Bildung von 1.2- oder 1.4-Peroxyden wäre möglich. Schon Dufraisse konnte aus 1.3-Diphenylisobenzofuran bei tiefer Temperatur ein stabiles 1.4-Peroxyd isolieren. Die 1.4-Anlagerung von Sauerstoff am Furan führt zur Ozonidstruktur.

Da aber als Endprodukte der Umsetzung keine Peroxyde auftreten, sondern nur ein Sauerstoffatom zusätzlich im Molekül enthalten ist, muß das primär gebildete 1.2- oder 1.4-Peroxyd sich zersetzen. Das cyclische Peroxyd oxydiert ein Molekül Furan zum Epoxyd und kann sich dabei selbst in ein Epoxyd umwandeln.

2.5-Dimethylfuran gibt α,β-Diacetyläthylen bei normaler Sauerstoffoxydation, während durch Sensibilisierung hauptsächlich polymere Peroxyde sich bilden. Durch Hydrierung wurde Acetonylaceton nachgewiesen. Die Spaltprodukte zeigen die verschiedene Reaktionsweise.

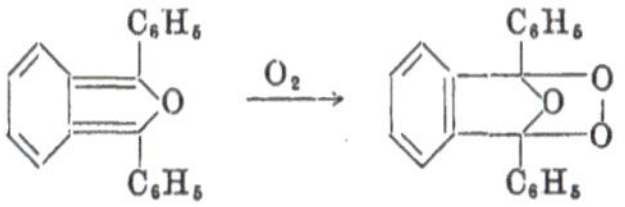

Bei der photosensibilisierten Oxydation erfolgt der Sauerstoffangriff in α,α'-Stellung zum Furansauerstoff. Das sich bildende Ozonid ist sehr instabil und polymerisiert nachträglich mit sich selbst. Eine Mischpolymerisation erfolgt nicht. Die Quantenausbeute lag stets unter 1,0. Bei vollständiger Ausnützung der Menge einfallender Lichtquanten und der Annahme, daß jedes aktivierte Molekül des Sensibilisators mit einem Furanmolekül reagiert, können theoretisch insgesamt nur so viele Moleküle Ozonid vorliegen, wie Lichtquanten einfallen. Bei einer einsetzenden Mischpolymerisation — charakteristisch für die unsensibilisierte Oxydation — polymerisiert das Startmolekül mit Sauerstoff und Dien. Die Quantenausbeute läge bestimmt über 1,0, weil auf ein Startmolekül viele nicht aktivierte aber an der Umsetzung beteiligte Moleküle kämen.

Bei der normalen Autoxydation bilden sich 1.2-Peroxyde, die unter Sprengung der O—O-Bindung und C—O-Bindungen sich stabilisieren. Dabei wird ein Atom Sauerstoff frei. Im Falle des 2.5-Dimethylfurans bildet sich α,β-Diacetyläthylen.

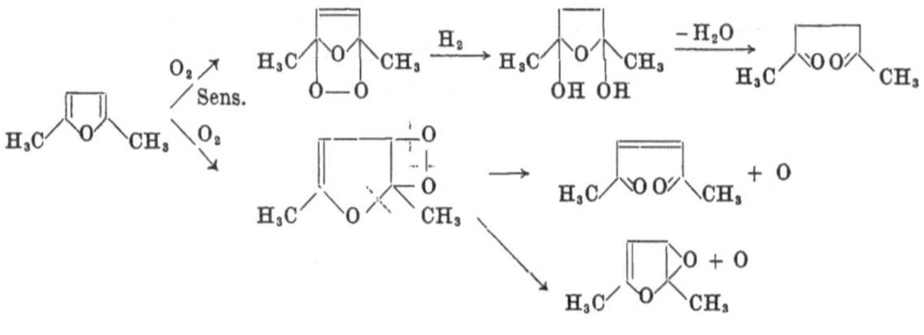

Interessant ist auch der Vergleich der normalen und sensibilisierten Oxydation von Furfurol. In beiden Fällen entsteht Maleinaldehydsäure. Verwendet man Äthylalkohol als Lösungsmittel, bildet sich nach folgendem Schema Maleinaldehydsäurepseudoäthylester.

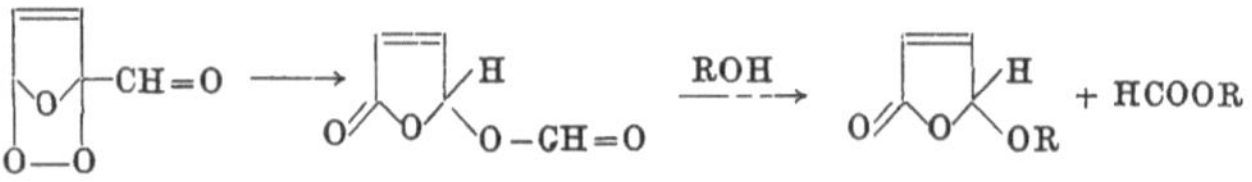

Die Abspaltung der Aldehydgruppe wird durch den Nachweis von Ameisensäureäthylester bestätigt. Die unsensibilisierte Oxydation verläuft dann wie folgt:

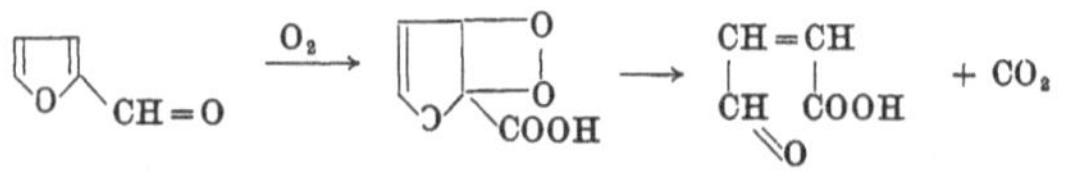

Die Epoxydbildung wurde ebenfalls bei Fulvenen beobachtet. Aus dem Tetraphenylfulven entsteht durch Photooxydation das Diepoxyd.

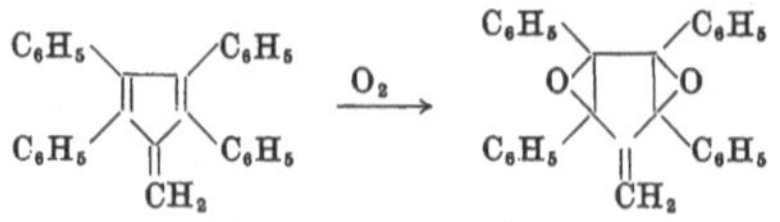

2.3.3. *Die photochemische Oxydation von Olefinen*

Photochemische Reaktionen mit Sauerstoff beschränken sich nicht allein auf Diene, sondern die Mehrzahl aller Olefine unterliegen der photosensibilisierten Oxydation.

Cyclohexen bildet Cyclohexenhydroperoxyd. Bei der unsensibilisierten Oxydation von Olefinen entstehen ebenfalls Hydroperoxyde. Die Oxydation von Olefinen bei gleichzeitiger Bestrahlung führt zur Aktivierung der in Nachbarstellung zur Doppelbindung befindlichen C—H-Bindungen. Im Extremfall löst sich ein Wasserstoffatom.

Bei der sensibilisierten Oxydation könnte folgendes eintreten. Durch Bestrahlung bildet sich die biradikalische Struktur des Sensibilisators aus. Infolge der dehydrierenden Wirkung des Sauerstoffradikals wird von der aktivierten C—H-Bindung ein Wasserstoffatom abgespalten. Es ist gar nicht unbedingt notwendig, daß der Sensibilisator vorübergehend einer chemischen Veränderung unterliegt. Dieser kann seine gespeicherte Energie auf das Olefin auch in Form einer Zwischenstoffkatalyse übertragen. Er aktiviert die C—H-Bindung zusätzlich. Der Sauerstoffangriff und damit die Radikalbildung werden erleichtert.

Aus dem bisher gesagten würde sich logisch ergeben, daß es gleichgültig ist, ob bei der Oxydation von Olefinen die Anregungsenergie durch direkte Absorption eines Lichtquantes, durch thermische Aktivierung oder durch angeregte Sensibilisatoren erfolgt. Die Oxydationen müßten zum gleichen Endprodukt führen. Die Überprüfung zeigt Unterschiede grundsätzlicher Art.

Cyclohexen gab in jedem Falle das Hydroperoxyd. Die Feinheiten der Reaktion konnten bei unsymmetrischen cyclischen Olefinen wie α- und β-Pinen, 1-Methylcyclohexen u. a. näher untersucht werden. Die Hydroperoxyde sind je nach angewandtem Verfahren verschiedener Konstitution.

Das Peroxyradikal des Sensibilisators überträgt den Sauerstoff auf das Dien. Das gleiche Peroxyradikal, das infolge der biradikalischen Struktur gleichzeitig noch ein Sauerstoffradikal enthält, ist nicht in der Lage, Startradikale zu bilden. Deshalb kann es die Oxydation von Cumol oder Dekalin nicht fördern. Kommt es zur Ausbildung eines Kohlenstoffradikals bei genannten Kohlenwasserstoffen, hemmt das Biradikal die weitere Kettenreaktion. Es fängt das entstandene Radikal wie ein Inhibitor weg.

Die eigentliche Wirkung des Sensibilisators besteht in der Umsetzung des Peroxyradikals mit der Doppelbindung unter Bildung eines neuen Biradikals. Dabei wird die Doppelbindung kurze Zeit aufgehoben. Durch Abspaltung eines H-Atoms aus der Allylstellung und Anlagerung an das Peroxyradikal bildet sich das Hydroperoxyd. Gleichzeitig entsteht eine Doppelbindung.

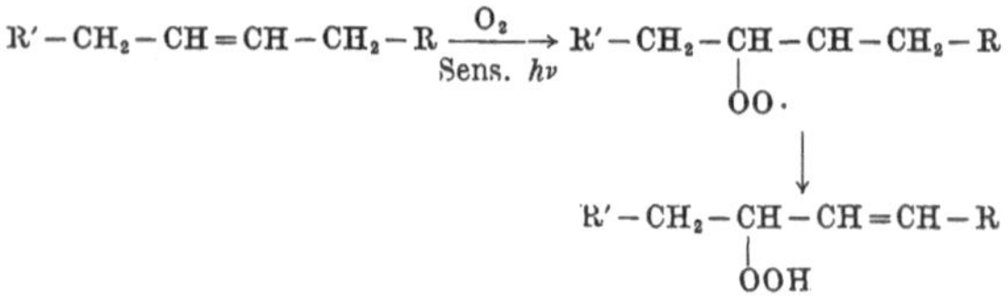

2.3.3.1. Die Oxydation der Pinene

Bei der normalen Oxydation von α-Pinen können sich zwei Radikale und zwei verschiedene Hydroperoxyde bilden, während beim β-Pinen nur ein Hydroperoxyd entsteht.

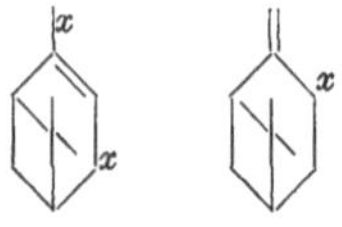

α-Pinen β-Pinen

x = aktivierte Stellen in α-Stellung zur Doppelbindung

In diesem Zusammenhang einige Worte zur Oxydation von Terpenen. Bei allen geradkettigen, verzweigten und cyclischen Verbindungen gilt, daß die zur Doppelbindung benachbarten C—H-Bindungen aktiviert werden. Der Angriff des Sauerstoffes nimmt in der Reihenfolge tert. CH-Gruppe, sek. CH_2-Gruppe und prim. CH_3-Gruppe ab. Befindet sich eine CH-Gruppe und eine CH_3-Gruppe in Nachbarstellung zur Doppelbindung, so erfolgt die Oxydation fast ausschließlich an der CH-Gruppe. Anders bei cyclischen Systemen. Das Brücken-C-Atom beim α- und β-Pinen unterliegt kaum der Oxydation. Ähnlich verschiebt sich die Aktivierung beim Menthen. Die tert. CH-Gruppe außerhalb des

Ringes steht hinter den CH_2-Gruppen in Nachbarstellung zur Doppelbindung zurück.

Die Hauptprodukte der Oxydation von α-Pinen sind. Verbenylhydroperoxyd, Verbenol, Verbenon, Pinenoxyd und Sobrerol. Pinenoxyd hydratisiert sich schon bei Raumtemperaturen in Gegenwart von Wasser und schwachen Säuren zu Sobrerol. Die Oxydation von β-Pinen in Gegenwart von $Co^{(+)(+)}$ ergibt Pinocarveol, Myrtenol und Myrtenal. Trotz der unsensibilisierten Reaktion kommt es hier zur Doppelbindungswanderung.

Die photosensibilisierte Oxydation des α-Pinens führt nach Reduktion des entstandenen Hydroperoxydes mit Natriumsulfit zum Pinocarveol. Aus L-β-Pinen erhält man auf gleiche Weise L-Myrtenol.

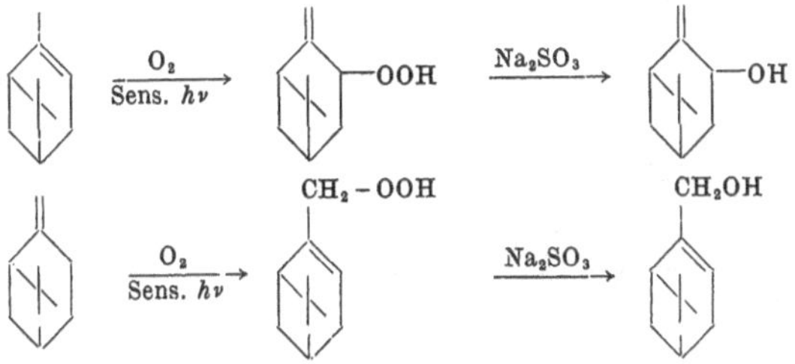

Tetrasubstituierte Äthylene sind bei Raumtemperatur nur schwer oxydabel. Bei Zusatz von Sensibilisatoren erfolgt der Umsatz mit Sauerstoff bei 20°. SCHENK wandte als Lösungsmittel Isopropylalkohol an. Bei der Sauerstoffbegasung entstehen tertiäre Allylhydroperoxyde. Durch saure Spaltung bilden sich Ketone, die durch Ozonspaltung des Ausgangsproduktes ebenfalls erhältlich sind.

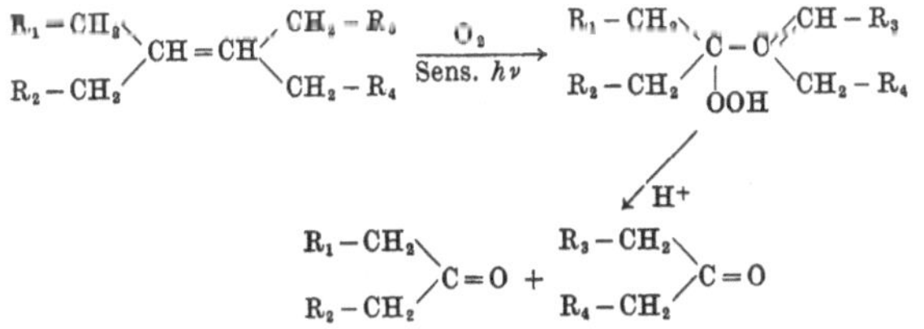

2.3.3.2. Die photochemische Oxydation von Steroiden

Auch bei den Steroiden mit isolierter Doppelbindung hat SCHENK erfolgreich die photosensibilisierte Oxydation verwirklicht. Cholesterin gibt in 75%iger Ausbeute das tertiäre Δ^6-Cholesten-3β-ol-5α-hydroperoxyd mit Pyridin als Lösungsmittel. Als Sensibilisatoren kamen Hämato- und Protoporphyrin zur Anwendung. Dagegen entsteht in Chloroform das Δ^5-Cholesten-3β-ol-7α-hydroperoxyd.

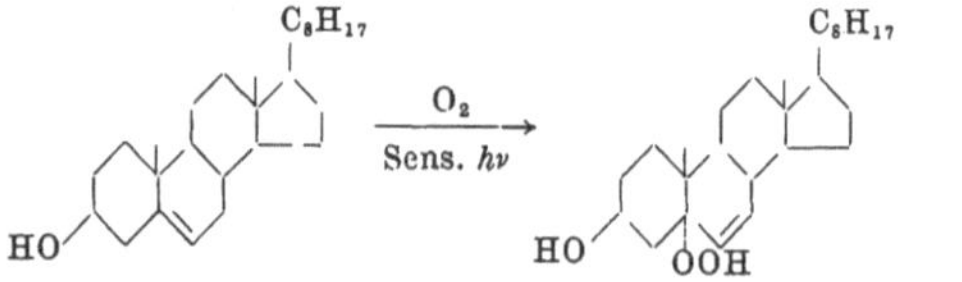

Cholesterin Δ^6-Cholesten-3β-ol-5α-hydroperoxyd

Interessant bei allen isolierten Δ^5-Doppelbindungen der Steroide ist die sterisch einheitliche Addition des Sauerstoffs. Sie erfolgt von der Seite, die der angularen Methylgruppe abgewandt ist. Die nähere Untersuchung der Cholesterinoxydation in Chloroform zeigte, daß eine neue Allylumlagerung von Hydroperoxyden vorlag. Die Oxydation in Chloroform führt zum gleichen Hydro-

$$-CH_2-\overset{R}{\underset{OOH}{C}}-HC{=}CH-CH_2- \longleftrightarrow -CH_2-\overset{R}{C}{=}CH-\underset{OOH}{CH}-CH_2-$$

peroxyd wie in Pyridin und erst anschließend erfolgt die radikalische Umlagerung, die sich polarimetrisch verfolgen läßt.

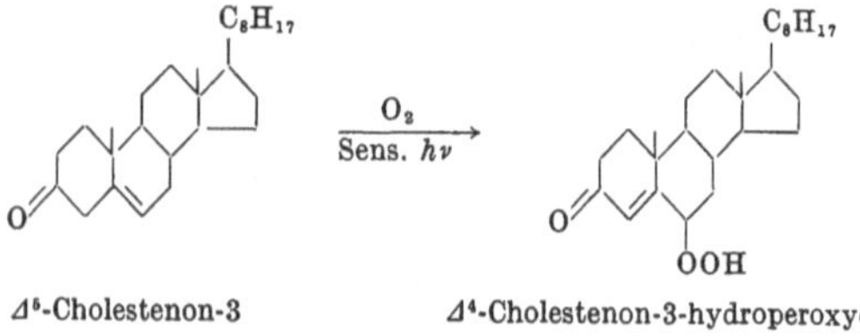

Δ^5-Cholestenon-3 Δ^4-Cholestenon-3-hydroperoxyd-6β

Die Wanderung der Doppelbindung während der Oxydation ist entgegengesetzt, wenn ein konjugiertes System sich bilden kann wie beim Δ^5-Cholestenon-3.

2.3.4. Die photochemische Oxydation nichtolefinischer Verbindungen

Bestrahlt man Cumol bei Raumtemperatur in Gegenwart von Anthrachinon, Benzophenon, Acridin, Phenazin und Chlorophyll mit einer Quecksilberlampe, so entstehen wesentlich mehr Hydroperoxyde als bei der normalen Sauerstoffbegasung.

Bekannt ist auch die photosensibilisierte Oxydation der Alkohole wie Isopropanol, Butanol und Pentanol. In Gegenwart von Benzophenon unter Ausschluß von Wasser bilden sich in guter Ausbeute die *Hydroperoxyhydroxyverbindungen.* Bei der Oxydation von Isopropanol bildet sich 2-Hydroperoxy-2-hydroxypropan und als Nebenprodukt die dimere Verbindung 2.2'-Bishydroperoxydiisopropylidenperoxyd.

2.4. Die Oxydation der Olefine

Während bei den substituierten Aromaten die aromatischen Kerne die benachbarten C—H-Bindungen aktivierten, tritt bei den Olefinen an die Stelle von Benzol oder Naphthalin die Doppelbindung. Der aromatische Kern wurde während der Oxydation nicht angegriffen. Für Olefine gilt dies nicht uneingeschränkt.

2.4.1. Die Cyclohexenoxydation

Die Rolle der Doppelbindung und der Angriff des Sauerstoffes waren lange Zeit unklar. Die Auffassung über die Existenz des Cyclohexenmoloxydes, dessen wahre Struktur als Cyclohexenhydroperoxyd erst in den dreißiger Jahren aufgeklärt wurde, charakterisiert diese Periode. Die letzten zwei Jahrzehnte brachten eingehende Untersuchungen über die Rolle der Doppelbindungen bei der Oxydation.

Das Cyclohexenhydroperoxyd unterliegt ebenfalls dem radikalischen Zerfall. Gleichzeitig ist es in der Lage in einer Art PRILESCHAJEW-Reaktion ein Olefin in das Epoxyd zu überführen und sich selbst zum Carbinol zu reduzieren.

Trennt man die Peroxydanteile durch fraktionierte Destillation vom Cyclohexen und den Nebenprodukten wie Epoxyd und Carbinol ab, so liegt zwar ein 100%iger Peroxydgehalt vor, aber kein 100%iges Hydroperoxyd. Die Ergebnisse der IR-Spektroskopie lassen keinen Zweifel, daß ein gewisser, wenn auch geringer Prozentsatz Peroxydstruktur besitzt. Neben Hydroperoxyd bildet sich durch Anlagerung des Sauerstoffes an die Doppelbindung cyclisches 1.2-Peroxyd.

Die saure Zersetzung des Cyclohexenhydroperoxydes führt je nach Medium zu verschiedenen Endprodukten. 1.2.3-Trihydroxycyclohexan entsteht als Hauptprodukt neben Cyclopentenylformaldehyd bei der Zersetzung mit 10%iger Schwefelsäure. Führt man die Spaltung in Essigsäure bei Gegenwart von wenig Perchlorsäure durch, wie es KHARASCH beschreibt, entsteht Cyclohexenon, Cyclohexenolacetat und Cyclopentenylformaldehyd.

Die Oxydation der Olefine kann auch direkt in saurem Medium erfolgen. Als Lösungsmittel bewährte sich abs. Methanol oder höhere Alkohole. Das entstehende Hydroperoxyd besitzt infolge der anwesenden Protonen nur geringe Lebensdauer. Das Hauptprodukt ist das Voll- und Halbacetal des Adipindialdehyds. Durch Protonenabgabe bildet sich aus dem Sauerstoffkation auch das Cyclohexenon. Das anwesende Methanol verhindert die Bildung des Cyclopentenylformaldehyds. Die saure Zersetzung erhöht die Oxydationsfreudigkeit des Hydroperoxydes. Trotz geringer Hydroperoxydkonzentration und Verdünnung durch Methanol bildet sich o-Methoxycyclohexanol und 2-Methoxycyclohexandiol-1.3 in isolierbaren Mengen. Die Hydroperoxydgruppe reagiert mit der Doppelbindung des Cyclohexens oder mit der des eigenen Moleküls. Es entstehen Epoxyde, die im Medium sofort Methanol anlagern.

Die Epoxydbildung als Sekundärreaktion der Olefinoxydation kann überall beobachtet werden. Bei der Oxydation von 4-Methyl-1.2-dihydronaphthalin fand Hock neben dem Hydroperoxyd auch ein gesättigtes Keton, dessen Bildung nur durch Umlagerung eines Epoxydes erklärbar ist. Die Epoxydbildung durch Hydroperoxyde ist mit der Einwirkung von Persäure auf Olefine vergleichbar. Versucht man das Epoxyd des 4-Methyl-1.2-dihydronaphthalins durch Persäure aus dem Kohlenwasserstoff herzustellen, erhält man das gleiche Keton wie bei der Sauerstoffbegasung. Bei der Oxydation von β-Isopropylstyrol konnte gleiche Umlagerung beobachtet werden.

2.4.2. *Die Oxydation von Ölsäure- und Elaidinsäureestern*

Die Feinheiten des Oxydationsmechanismus können infolge der cyclischen Struktur am Cyclohexen nicht studiert werden. Dies erfolgte besonders an der Ölsäure und deren Derivaten. Die bahnbrechenden Arbeiten auf diesem Gebiet führte Farmer durch. Wir möchten den heutigen Stand der Erkenntnis darlegen. Bei der Oxydation der Olefine bilden sich nicht zwei sondern vier Hydroperoxyde.

Der Angriff des Sauerstoffes erfolgt an einer zur Doppelbindung benachbarten CH_2-Gruppe.

$$-\overset{7}{C}H_2-\underset{\bullet}{\overset{8}{C}}H-\overset{9}{C}H=\overset{10}{C}H-\overset{11}{C}H_2-\overset{12}{C}H_2- \rightleftarrows -\overset{7}{C}H_2-\overset{8}{C}H=\overset{9}{C}H-\underset{\bullet}{\overset{10}{C}}H-\overset{11}{C}H_2-\overset{12}{C}H_2-$$

$$\uparrow$$

$$-\underset{7}{C}H_2-\underset{8}{C}H_2-\underset{9}{C}H=\underset{10}{C}H-\underset{11}{C}H_2-\underset{12}{C}H_2-$$

$$\downarrow$$

$$-\overset{7}{C}H_2-\overset{8}{C}H_2-\overset{9}{C}H=\overset{10}{C}H-\underset{\bullet}{\overset{11}{C}}H-\overset{12}{C}H_2- \rightleftarrows -\overset{7}{C}H_2-\overset{8}{C}H_2-\underset{\bullet}{\overset{9}{C}}H-\overset{10}{C}H=\overset{11}{C}H-\overset{12}{C}H_2-$$

Die gebildeten Primärradikale können sich sofort umlagern. Es bilden sich sogenannte radikalische mesomere

Grenzstrukturen aus. Jedes Radikal führt zu einem Hydroperoxyd. Alle vier Hydroperoxyde konnten durch Gegenstromverteilung isoliert und durch Hydrierung in die entsprechenden Hydroxyverbindungen überführt werden. Papierchromatographisch wurden diese Ergebnisse bestätigt.

In den letzten Jahren trat die quantitative Bestimmung der einzelnen Hydroperoxyde in den Vordergrund, weil dann Rückschlüsse auf die Reaktivität der beiden CH_2-Gruppen und die Gleichgewichtseinstellung der mesomeren Grenzstrukturen möglich wären. Die Hydroperoxyde unterliegen der homolytischen Spaltung. Die entstehenden Oxyradikale können die Kohlenstoffkette theoretisch auf zwei Wegen zerbrechen. Eigene Untersuchungen zeigen, daß ausschließlich Weg 1 eingeschlagen

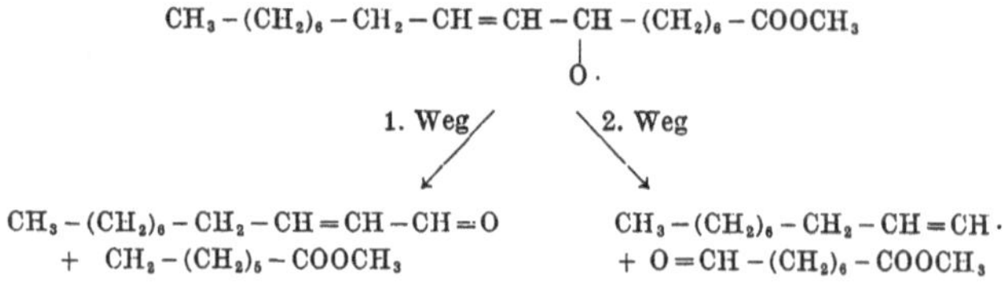

wird. Die Bestimmung der flüchtigen Verbindungen bei der Oxydation unter erhöhter Temperatur ist eine Möglichkeit, die Anteile der isomeren Hydroperoxyde zu bestimmen.

Auch andere Autoren bemühten sich um die quantitative Bestimmung der isomeren Hydroperoxyde. RIECHE hat durch die Einführung der Papierchromatographie eine sichtbare Trennung erreicht. Aus der Größe und Intensität der einzelnen Flecke ist eine quantitative Aussage durchaus möglich, wenn die Zuordnung zu bestimmten isomeren Hydroperoxyden gelingt. Dies trifft auch auf die Dünnschichtchromatographie zu.

SLOVER und DUGAN versuchten auf chemischem Wege den Anteil der Isomeren zu bestimmen. Sie hydrierten das Hydroperoxydgemisch zu den Carbinolen der Stearinsäure, oxydierten mit Chromsäure, bildeten aus den Ketonen die Oxime, führten die BECKMANNsche Umlagerung durch und erhielten für jedes Hydroperoxyd zwei Amide. Deren alkalische Hydrolyse ergibt Amine, Aminosäuren, Mono- und Dicarbonsäuren. Die Monocarbonsäuren bestimmten sie durch Papierchromatographie quantitativ. Die anderen Komponenten wurden vernachlässigt unter der Annahme, daß die auftretende Menge Monocarbonsäure für die ursprüngliche Menge des entsprechenden Hydroperoxydes charakteristisch ist. Das Ergebnis der vielstufigen Umwandlung möchten wir kurz zusammenfassen. Der bevorzugte Angriff des Sauerstoffes erfolgt in Stellung 8. Infolge weitestgehender Umlagerung liegt das 10-Hydroperoxyd als Hauptprodukt vor. Der Angriff in Stellung 11 führt nur zu einem geringen Teil durch Doppelbindungswanderung zum 9-Hydroperoxyd. Die Reihenfolge der mengenmäßigen Anteile sinkt vom 10- über das 11- und 9- zum 8-Hydroperoxyd.

Die quantitative Bestimmung der isomeren Hydroperoxyde kann auch durch saure Spaltung erfolgen. Dabei bilden sich Aldehyde und Aldehydcarbonsäureester. Nach Überführung in die 2.4-Dinitrophenylhydrazone und deren quantitative Trennung durch Verteilungs- oder Dünnschichtchromatographie wurden die Einzelindividien quantitativ polarographisch bestimmt. Das Ergebnis stimmt mit dem vorhergehenden nicht überein. Die Menge des 8- und 11-Hydroperoxydes ist gleich und beträgt je 30%. In die restlichen 40% teilen sich die Hydroperoxyde in Stellung 9 und 10. Da aus dem 9- und 10-Hydroperoxyd der gleiche Aldehyd entsteht, kann eine weitergehende Aussage nicht getroffen werden. Nimmt man an, daß die Doppelbindungsverschiebung beim Angriff des Sauerstoffes in 8- und 11-Stellung gleich ist, ergibt sich die gleich starke Aktivierung der beiden CH_2-Gruppen in Nachbarstellung zur Doppelbindung. Die Estergruppe übt folglich keinen wesentlichen Einfluß aus.

Die Wirkung der verschiedenen funktionellen Gruppen der Fettsäurederivate bei der Oxydation untersuchte KAUFMANN. Er bestimmte die Oxydationsgeschwindigkeit von Linolensäurechlorid, -amid, -ester und der Säure selbst. Aus den unterschiedlichen Werten schloß er, daß Chlor durch seinen stark positiven Effekt eine erhöhte Reaktionsbereitschaft bewirkt. Er ergänzte damit die Auffassung, daß die funktionellen Gruppen bis zum 9. oder 10. C-Atom der Kette Einfluß nehmen. Die verschiedene Oxydationsgeschwindigkeit der Fettsäurederivate hängt aber nicht nur von dem aktivierenden Einfluß der funktionellen Gruppe ab, sondern wesentlich von der Rate der Hydroperoxydzersetzung. Diese ist allerdings ebenfalls vom Amid, Chlorid oder Säurerest abhängig.

Der Einfluß der Estergruppe wurde an Modellsubstanzen untersucht. Die Oxydate von Vinylessigester und Crotonsäureester zeigen papierchromatographisch zwei Hydroperoxyde, von denen eines quantitativ überwiegt.

$$\begin{array}{l} CH_2{=}CH-CH_2-COOCH_3 \\ CH_3-CH{=}CH-COOCH_3 \end{array} \xrightarrow{O_2} \begin{array}{l} HOO-CH_2-CH{=}CH-COOCH_3 \\ CH_2{=}CH-\underset{\displaystyle OOH}{\underset{|}{CH}}-COOCH_3 \end{array}$$

Aus beiden Estern entstehen identische Hydroperoxyde. Der Einfluß zeigt sich in zweierlei Art. Erstens wirkt die Estergruppe aktivierend, zweitens wird die Wanderung der Doppelbindung beeinflußt.

Die Untersuchung der Oxydation von Octadecen-2-säuremethylester ergab, daß das Hydroperoxyd in Stellung 4 gegenüber dem in Stellung 2 — entstanden durch Doppelbindungswanderung — nur schwach überwiegt. Trotz Konjugation mit der Estergruppe wandert die Doppelbindung beträchtlich. Beim Undecylensäuremethylester überwiegt ebenfalls das ohne Wanderung der Doppelbindung entstandene Hydroperoxyd gering.

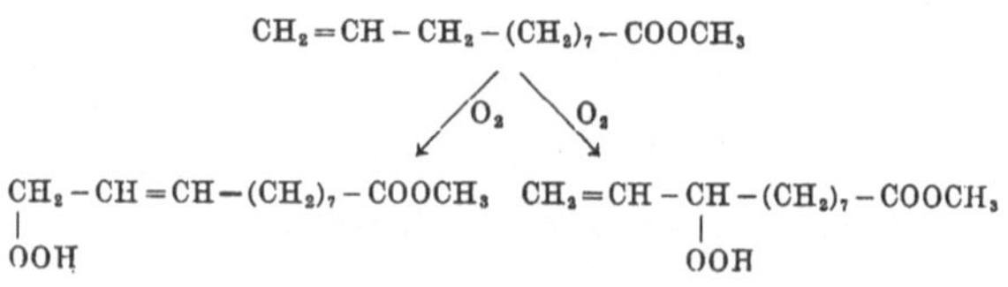

Der Elaidinsäureester wird langsamer oxydiert als der Ölsäureester. Die unterschiedliche Geschwindigkeit kann zwei Ursachen haben.

1. Das Elaidinsäuremethylesterhydroperoxyd hat eine geringere Neigung zum Zerfall.

2. Das α-Methylenwasserstoffatom der trans-Verbindung ist weniger aktiviert.

Bei beiden Oxydationsreaktionen gilt, daß die Oxydationsgeschwindigkeit der Konzentration der entstehenden Hydroperoxyde proportional ist. Bei der näheren Untersuchung zeigte sich, daß beide Hydroperoxyde identisch sind. Ölsäuremethylester gibt bei der Sauerstoffbegasung ca. 90% trans- neben geringen Mengen cis-Hydroperoxyden. Die Umlagerung erfolgt während der Oxydation. Die gebildeten C-Radikale lagern sich in Radikale mit trans-Doppelbindungen um. Nur ein geringer Teil der ursprünglichen cis-Radikale reagiert vor der Umlagerung mit Sauerstoff und bildet cis-Hydroperoxyde.

Die Oxydation von Elaidinsäuremethylester führt in keinem Falle zu cis- Hydroperoxyden.

Die Sauerstoffbegasung beider Ester führt zu Hydroperoxyden, ungesättigten Ketonen, Epoxyden und Dihydroxystearinsäure, sowie Diketonen, Hydroxyketonen und Spaltprodukten.

Zieht man die IR-Spektroskopie zu Hilfe, so zeigt sich, daß anfänglich bei der Oxydation von Elaidinsäuremethylester die Bande der trans-Doppelbindung (10,23 μ) kaum angegriffen wird, obwohl die Hydroperoxydkonzentration rasch zunimmt. Die einsetzende Abnahme der Intensität der trans-Doppelbindung geht einher mit der Hydroperoxydzerstörung. Es bilden sich Epoxyde. Diese und die α-Diole reichern sich im Verlauf der Umsetzung an, weil sie selbst nicht oxydierbar sind. Die sich ebenfalls bildenden ungesättigten Ketone, Diketone und Hydroxyketone werden weiter oxydiert.

Betrachten wir zunächst die Bildung der Epoxyde und Diole. Die Epoxydkonzentration erreicht nach einer bestimmten Zeit das Maximum, während die Hydroxyl- und Säurekonzentration ständig ansteigt. Die Zunahme der Säuren ist der eigentliche Grund für die Vermehrung der Hydroxylgruppen. Durch die Anwesenheit von Säuren und Wasser entstehen aus den Epoxyden die α-Diole. Die Säuren bilden sich aus den ungesättigten Ketonen und Diketonen. Ihre Oxydation führt zu sauren Spaltprodukten. Die Bildungsweise der Epoxyde ist nur teilweise bekannt. Cis-Olefine geben ein Gemisch von cis- und trans-Epoxyden. Trans-Olefine bilden nur trans-Epoxyde. Dies konnte experimentell nachgewiesen werden. Isolierte Hydroperoxyde reagieren bei erhöhter Temperatur mit cis-Olefinen, dabei entsteht ein Gemisch von cis- und trans-Epoxyden. Die Isomerisierung der gebildeten Epoxyde während der Oxydation erfolgt nicht. Die Bildung der cis- und trans-Epoxyde aus cis-Olefinen kann auf zweierlei Wegen erfolgen.

Der eine wurde am Beispiel des Cyclohexenhydroperoxydes dargestellt. Die zweite Möglichkeit besteht in der primären Anlagerung eines Peroxyradikals an eine olefinische Doppelbindung. Unter Abspaltung des Oxyradikals bildet sich der Epoxydring. Auf diesem Wege würden trans-Epoxyde entstehen.

$$\begin{array}{lllll} -CH{=}CH- + ROO\cdot & \rightarrow & -CH-CH- & \rightarrow & -CH-CH- \\ & & \ \ \ \ OOR & & \ \ \ \ \ \ \diagdown O \diagup \\ & & & & \ \ \ \ \ + RO \end{array}$$

Beide Reaktionen erklären noch nicht die relativ hohe Ausbeute an Epoxyden in saurem oder alkalischem Milieu.

Neben der Oxydation einer Doppelbindung durch ein Hydroperoxyd oder ROO-Radikal könnte die direkte Oxydation der Doppelbindung möglich sein. Durch Sauerstoffbegasung von 2.4.4-Trimethylpent-1-en (α-Diisobutylen) bei 130—140° unter Druck in flüssiger Phase im neutralen oder schwach alkalischem Medium wird das Epoxyd mit einer Ausbeute von ca. 50% als Hauptprodukt erhalten. Daneben konnten 2.4.4-Trimethylpent-1-enol-3, das Diol aus dem Epoxyd und Spaltprodukte wie Aceton,

Isobutyraldehyd und tert. Butanol isoliert werden. Auch die Oxydation des Olefins mit Chromtrioxyd in Acetanhydrid führte nicht zum oxydativen Angriff an der zur Doppelbindung benachbarten CH_2-Gruppe, wie sonst beobachtet wird, sondern es entstand in guter Ausbeute das gleiche Epoxyd.

Die durch Hydrolyse aus den Epoxyden entstehenden Diole sind ebenfalls strukturell verschieden. Die Oxydation von Elaidinsäuremethylester führt zu reiner erythro-9.10-dihydroxystearinsäure. Aus Ölsäuremethylester entsteht das Gemisch von erythro- und threo-Isomeren.

Bei niedrigen Temperaturen (30—50°) und quantitativem Umsatz des Elaidinsäureesters entstehen als Hauptprodukte die vier ungesättigten Ketosäureester, trans-Epoxyd und die Hydroperoxyde. Bei höheren Temperaturen (80—100°) zerfallen die Hydroperoxyde schneller. Im Verlaufe der Oxydation entsteht das α-Diol auf Kosten des Epoxydes. Bei Raumtemperatur verläuft die Oxydation selbst des Ölsäureesters extrem langsam. Nach zwei Jahren entstanden 4% konjugierte Ketosäuren, 8% andere Ketosäuren, 2—3% Hydroperoxyd, wenig Epoxyd und Ketol und 7% Spaltprodukte.

Bei der unkatalysierten Ölsäureoxydation konnte stets Ameisensäure nachgewiesen werden. Der Zusatz von Katalysatoren verschiebt selbstverständlich die Proportionen der Endprodukte. Das Epoxydmaximum liegt bei 50° nach 96 Stunden bei 19—20% und fällt dann zugunsten der α-Diolbildung. Auffällig ist die Uneinheitlichkeit der entstehenden Ketosäuren. Die α-ungesättigten Ketosäuren reichern sich besonders während der Oxydation bei niederen Temperaturen an. Bei höheren Temperaturen unterliegen sie sehr schnell dem weiteren Sauerstoffangriff. Die Epoxydbildung verläuft allgemein rascher als die Oxydation der ungesättigten Ketosäuren. Die Spaltprodukte entstehen durch Oxydation dieser ungesättigten Ketosäuren, der Ketole und Diketone, sowie durch Zerfall entstehender Oxydradikale.

Die Ketolbildung ist unklar. Sie ist größer als allgemein angenommen wird. KING stellte bei 80° während der Oxydation der Elaidinsäure ein Maximum von 9% fest. Bei höheren Temperaturen oder anwesenden Katalysatoren entstehen wesentlich geringere Anteile.

Bildung cyclischer Peroxyde: Autoxydiert man Ölsäuremethylester und bestimmt den Peroxydgehalt polarographisch und chemisch, so erhält man mit der ersteren

Methode nur die anwesende Menge Hydroperoxyd, während die jodometrische Bestimmung den Gesamtperoxydgehalt nachweist. Dabei reagieren verschiedene polymere und cyclische Peroxyde sehr träge.

Reines Hydroperoxyd kann man durch Harnstoffadduktbildung und anschließende Gegenstromverteilung erhalten. Das reine Hydroperoxydgemisch des Ölsäuremethylesters gibt gleiche polarographische und chemische Peroxydwerte. Trennt man den unumgesetzten Ölsäuremethylester durch Harnstoffadduktbildung von den peroxydischen Verbindungen und anderen zusätzlich Sauerstoff enthaltenen Estern ab, so stimmen polarographische und chemische Werte nicht überein. Ein bedeutender Teil des Gesamtperoxydes liegt nicht als Hydroperoxyd vor. Die Isolierung von α-Glykolen durch Reduktion des Peroxydkonzentrates spricht für evtl. anwesendes cyclisches Peroxyd. Die Bildung der α-Ketole kann man sehr gut durch die Spaltung cyclischer 1.2-Peroxyde erklären. Der Angriff des Sauerstoffes erfolgt demnach bei einem Olefin in mehrfacher Richtung.

2.4.3. Die Anfangsperiode der Oxydation

Der Sauerstoff ist durch Umsetzung mit aktivierten C—H-Bindungen in Nachbarstellung zur Doppelbindung selbst zur Radikalerzeugung befähigt. Diese Startreaktion leitet die normale Oxydation ein. Je stärker die C—H-Bindung gelockert ist, desto leichter erfolgt dieser erste Schritt. Bei der unkatalysierten Oxydation hängt die Induktionsperiode — vorausgesetzt sind saubere Substanzen — wesentlich von der Stärke der Aktivierung der C—H-Bindungen durch die Doppelbindung ab.

Vergleicht man die Oxydation von Ölsäuremethylester mit 9.10-Dideuteroölsäuremethylester, so fällt sofort die um 100 Stunden verlängerte Induktionsperiode der deuterierten Verbindung bei Normaltemperatur auf. Ähnliches Ergebnis folgt aus dem Vergleich der Oxydation von cis-9-Octadecen und 8.8.11.11-Tetradeutero-cis-9-Octadecen bei 75°. Die deuterierte Verbindung ist schwerer oxydierbar. Die Rate beträgt ca. $^1/_5$ von der des undeuterierten Olefins. In Nachbarstellung zur Doppelbindung befinden sich nur C–D- und keine C–H-Bindungen. Infolge der höheren notwendigen Aktivierungsenergie für C–D-Bindungen ist die Lockerung nicht genügend stark. Durch den Oxydationsangriff an der α-Methylenposition wird die wichtige unterhaltende Reaktion der Oxydation, die Radikalkette, eingeleitet

Als letztes ein Vergleich zwischen Ölsäuremethylester und Stearolinsäuremethylester. Der Ester mit Dreifachbindung hat keine Induktionsperiode. Selbstverständlich verläuft die Oxydation anders als bei Olefinen. Hydroperoxyde und Peroxyde werden nur in geringen Mengen gefunden. Auffällig ist die relativ große Menge gebildeter Carbonylgruppen.

2.4.4. Die Oxydation von Verbindungen mit Vinylgruppen

Drei Möglichkeiten des Sauerstoffangriffes seien hier genannt.

1. Die allgemeine Oxydationsreaktion der Olefine nach dem α-Methylenmechanismus. So entstehen aus Vinylessigsäure- und Crotonsäuremethylester die beiden möglichen und identischen Hydroperoxyde. Aus 4-Vinylcyclohexen bildet sich das tertiäre Hydroperoxyd.

2. Ist die Vinylgruppe genügend aktiviert, bilden sich Polymerperoxyde. Durch Angriff des Sauerstoffes an der Doppelbindung setzt die Polymerisation ein.

3. Befindet sich in α-Stellung zur Doppelbindung kein H-Atom, kann die Oxydation über das cyclische Peroxyd zur Sprengung der Doppelbindung führen. Dabei bilden sich Ketone,

2.4.5. Die Oxydation der ungesättigten Fettsäuren mit mehreren isolierten Doppelbindungen

Im Vordergrund sollen deren wichtigste Vertreter, die Linol- und die Linolensäure stehen. Beide kommen in Fetten und Ölen vor. Erwähnenswert ist noch die Arachidonsäure, mit vier isolierten Doppelbindungen. Noch höher ungesättigte Fettsäuren mit gleicher Anordnung der Doppelbindungen finden wir im Tran und Leberöl. Die ungesättigten Fettsäuren sind für den Aufbau der Organfette und besonders der Lipoide von großer Bedeutung. Die ungesättigten C_{20}- und C_{22}-Fettsäuren finden sich besonders reichlich in den Gewebsphosphatiden.

Infolge der isolierten Anordnung der Doppelbindungen ist die zwischenstehende CH_2-Gruppe besonders aktiviert. Während in der Nahrungsmittelindustrie die Oxydation der Fette und Öle unerwünscht ist, findet in der Lackindustrie die Empfindlichkeit ungesättigter Triglyceride gegenüber Sauerstoff sinnvolle Anwendung.

2.4.5.1. Die Linolsäure

Entsprechend dem α-Methylenmechanismus können sich bei der Linolsäure sieben Hydroperoxyde bilden und bei der Linolensäure sogar zehn. Die drei aktivierten CH_2-Gruppen der Linolsäure sind nicht gleichberechtigt. Die CH_2-Gruppe in Stellung 11 wird vom Sauerstoff bevorzugt angegriffen. Demzufolge bilden sich hauptsächlich drei isomere Hydroperoxyde in den Stellungen 9, 11 u. 13.

Am Beispiel des Pentadien-1.4 wurde das Verhalten der typischen Linolsäuredoppelbindungsanordnung untersucht. Es bilden sich zwei isomere Hydroperoxyde.

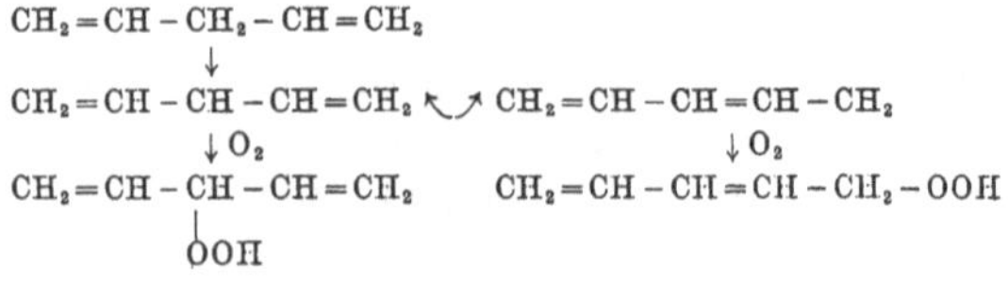

Lange Zeit gingen die Meinungen über das Primärprodukt der Autoxydation von Linol- und Linolensäure auseinander. W. TREIBS vertrat die Auffassung, daß sich zunächst über eine labile Vorstufe ein Monoperoxyd bildet. Anschließend erfolgt durch weitere

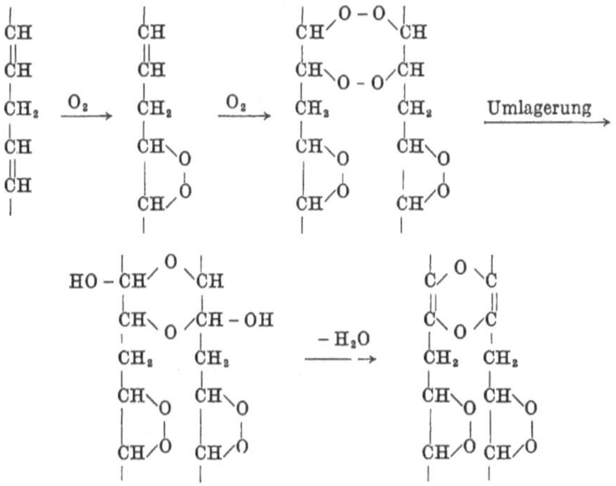

Sauerstoffaufnahme Molekülvervielfachung. Es wurde die Bildung von labilen Perdioxanringen angenommen, die sich freiwillig in Dihydroxydioxanringe umlagern. Die nachfolgende Dehydratisierung führt dann zu Dioxinringen. W. TREIBS verneinte die Hydroperoxydbildung, weil mit Bleitetraacetat kein Sauerstoff sich entwickelte. Alle bis dahin bekannten Hydroperoxyde zeigten diese charakteristische Reaktion.

Heute ist diese Frage experimentell beantwortet. Bei den Isolenfettsäuren bilden sich zunächst Hydroperoxyde. Reines Hydroperoxydgemisch wurde durch die bekannten Anreicherungsverfahren hergestellt. Die Hydroperoxydgruppe konnte IR-spektroskopisch nachgewiesen werden. Verwendet man als Katalysator der Autoxydation $Cu^{(+)(+)}$-octanat, so zeigt sich bei Dialkyl-, Diacyl- und cyclischen Peroxyden keine Aktivierung. Nur Hydroperoxyde werden in Radikale gespalten. Bei ihnen verschwindet die Induktionsperiode. Die Oxydation von

Kohlenwasserstoffen in Gegenwart $Cu^{(+)(+)}$-octanat und Linolsäureperoxyd führt zur Aktivierung der Autoxydation. Das zugegebene Peroxyd besaß also eine Hydroperoxydstruktur.

Wichtige Hinweise gibt die UV-Messung, besonders im Anfangsstadium der Autoxydation. Während bei reinem Linolsäuremethylester nur die Banden der isolierten cis- und trans-Doppelbindungen bei 10,32 μ und 10,95 μ beobachtet werden können, treten nach Sauerstoffbegasung die Banden der konjugierten cis-trans- und trans-trans-Doppelbindungen bei 10,12 μ und 10,18 μ auf. Aus allen Untersuchungen geht hervor, daß als Hauptprodukte zwei Hydroperoxyde mit konjugierten Doppelbindungen sich bilden. Nur in untergeordnetem Maße entsteht der 11-Hydroperoxylinolsäuremethylester.

Die beiden Hauptprodukte können in cis-trans und trans-trans-Verknüpfung der Doppelbindungen vorliegen. Dies hängt wesentlich von den Bedingungen der Autoxydation ab. Linolsäuremethylester autoxydiert bei 0° ergibt durch Anreicherung 90% cis-trans-konj. Hydroperoxyd. Bei 25° ist schon eine ansehnliche Menge trans-trans-Material enthalten. Das trans-trans-Isomere ist thermodynamisch stabiler und bildet sich deshalb bevorzugt unter härteren Bedingungen.

Durch die Bildung der konjugierten Hydroperoxyde wird der weitere Sauerstoffangriff begünstigt. Linolsäuremethylesterhydroperoxyd nimmt rasch weiteren Sauerstoff auf. Vom theoretischen Standpunkt aus könnte sich folgendes Peroxyd bilden.

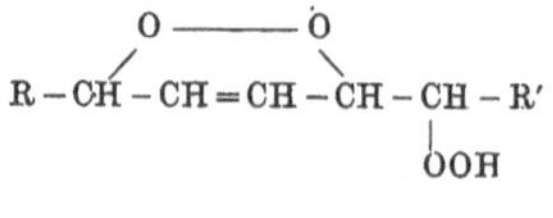

Die weitere Sauerstoffaufnahme müßte mit einer Abnahme von Doppelbindungen, der Aufhebung der Konjugation und dem Ansteigen des Peroxydwertes verknüpft sein. Der Peroxydwert nimmt nicht zu. Die vorausgesagte

Abnahme der Dien-Konjugation wurde bestätigt. Ein Mol Sauerstoff zerstört ein Mol Dien. Das vorausgesagte Peroxyd bildet sich nicht. Die Zunahme der absorbierten Sauerstoffmenge entspricht ungefähr der gebildeten Polymerfraktion.

Durch Solventextraktion mit Skellysolve F und Äther erhält man Fraktionen verschiedenen Molekulargewichtes. Die Elementaranalyse des Dimeren bestätigte, daß vier Mol Sauerstoff durch Autoxydation gebunden wurden. Nur 9—10 Sauerstoffatome von den vorhandenen 12 konnten identifiziert werden. Ein Teil des Sauerstoffes verbirgt sich in den Polymerbindungen.

Die Molekülverdoppelung kann durch C—C-Bindungen, Äther- und Peroxydbrücken verwirklicht werden. Es gelingt, die Polymere durch HJ, HBr und HCl zu depolymerisieren. Chang erhielt aus einer Polymerfraktion vom durchschnittlichen Molekulargewicht 1067 durch Depolymerisation eine Fraktion mit dem Wert 350. C—C-Bindungen lassen sich auf diese Weise nicht spalten.

Die Hydroperoxyde des Linolsäuremethylesters sind infolge des benachbarten konjugierten Diens unbeständiger als die einfach ungesättigter Olefine. Die chemische Analyse der autoxydierten Hydroperoxyde zeigt einen Ketongehalt an. Im alkalischen Medium bildet sich durch Enolisierung ein konjugiertes System mit drei Doppelbindungen aus. Das UV-Spektrum deutet auf ein enolisiertes α-Diketon. Dieses könnte sich bilden durch eine Art innerer Prileschajew-Reaktion. Das Linolsäurehydroperoxyd oxydiert die benachbarte Doppelbindung zum Epoxyd und reduziert sich zum Carbinol. Durch Umlagerung des Epoxydringes bildet sich ein Keton. In Anlehnung an die Auffassung von W. Treibs und entsprechend den Beobachtungen der Oxydation der Ölsäureester wäre die Bildung eines cyclischen Peroxydes möglich. Die Spaltung führt dann zum Ketol, welches im Autoxydationsmedium zum Diketon oxydiert.

2.4.5.2. Die Linolensäure

Die Autoxydation der Linolensäuremethylester verläuft ähnlich wie die der Linolsäure, nur komplizierter.

Nehmen wir an, daß die beiden doppelt aktivierten CH_2 Gruppen die bevorzugten Stellen des Sauerstoffangriffes sind und bei der Hydroperoxydbildung sich hauptsächlich konjugierte Diene bilden, ergibt sich nebenstehender Reaktionsverlauf.

Vier bevorzugte Hydroperoxyde können sich aus den vier energetisch begünstigten Resonanzstrukturen bilden. Das Hydroperoxyd des Linolsäuremethylesters kann durch das gebildete konjugierte Dien weiteren Sauerstoff aufnehmen. Bei zwei Hydroperoxyden des Linolensäuremethylesters kommt neben dieser Möglichkeit der Oxydation eine weitere hinzu. Sie besitzen eine stark aktivierte CH_2-Gruppe. Erfolgt der weitere Angriff des Sauerstoffes an dieser ausgezeichneten Gruppe, kommt es zur Bildung eines konjugierten Triens, welches seinerseits wiederum sauerstoffempfindlich ist.

Die Stabilität dieses Dihydroperoxydes mit konjugiertem Trien sei dahingestellt. Wichtig ist die Erkenntnis, daß im Gegensatz zum Linolsäuremethylester die Autoxydation von Linolensäuremethylester zu wesentlich autoxydableren Zwischenverbindungen führt.

Das experimentelle Material bestätigt diese Darlegung. FUGGER erhielt bei der Oxydation von Linolensäuremethylester bei 2–4° im Dunkeln dien- und trienkonjugierte Endprodukte. Das teilweise polymerisierte, aber auch gespaltene Material konnte er durch Gegenstromverteilung weitestgehend auftrennen. Spektroskopische Untersuchungen zeigten, daß die Rate der Diene zu den Trienen 3,18 betrug. Die Molekülvervielfachung tritt schneller als bei den Linolsäureestern ein.

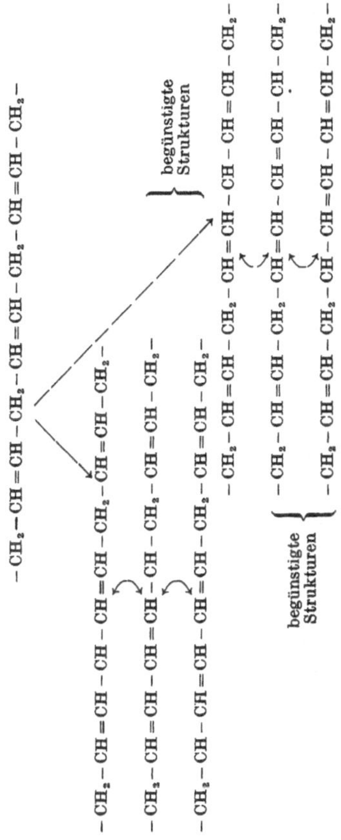
begünstigte Strukturen
begünstigte Strukturen

2.5. *Die Autoxydation konjugierter Diene*

Der Sauerstoff lagert sich als Biradikal an das Doppelbindungssystem an. Primär entstehen peroxydische Biradikale. Diese können mit Sauerstoff und weiterem Ausgangskohlenwasserstoff zu hochpolymeren Peroxyden reagieren. In untergeordneter Menge entstehen Monomerperoxyde. Das cyclische 1.4-Anlagerungsprodukt ist dem

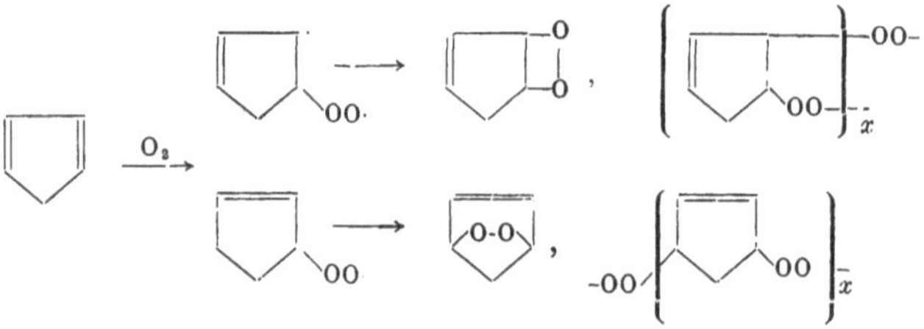

1.2-Peroxyd in der Stabilität überlegen. Der Kettenabbruch während der Polymerisation erfolgt durch Hydroperoxydbildung. Durch Autoxydation in Lösung wird das Molekulargewicht der Polymere geringer. Starke Verdünnung begünstigt die Bildung cyclischer Peroxyde.

Besonders eingehend hat sich Hock mit der Oxydation von Cyclopentadien, Cyclohexadien, Styrolabkömmlingen und Inden beschäftigt. Reagieren 1.3-Diene mit Sauerstoff, so können drei verschiedene Typen von Peroxyden entstehen.

1. Die Peroxydbrücken sitzen in 1.4-Stellung durch entsprechende Addition des Sauerstoffes. Dies trifft u. a. beim Cyclohexadien zu.

2. Durch 1.2-Addition des Sauerstoffes sitzen die Peroxydbrücken in 1.2-Stellung. Der 1.4- und 1.2-Angriff des Sauerstoffes erfolgt meist gleichzeitig, wenn dies strukturell möglich ist.

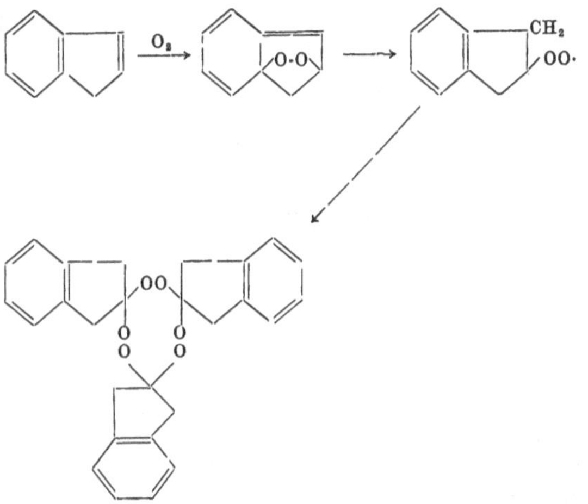

3. Die Peroxydbrücken sitzen in 1.1-Stellung, obwohl der Angriff des Sauerstoffes in der 1.4-Stellung erfolgt. Die entstehenden Peroxyde sind instabil. Die Oxydation des Indens bildet ein typisches Beispiel. Das Bestreben, den aromatischen Zustand wieder herzustellen, führt unter H-Wanderung zu einem neuen peroxydischen Biradikal. Dieses kann nun verschieden polymerisieren. Obiges Beispiel zeigt die Bildung von trimerem β-Indanonperoxyd. Das hexamere β-Indanonperoxyd konnte ebenfalls isoliert werden. Das monomere 2.8-Endoperoxyd des Isoindans entsteht zuerst. Es konnte als Substanz gewonnen werden. Ab 75° zersetzt es sich thermisch und bildet Polymere. Reduziert man diese, so erhält man stets β-Indanon. Folglich müssen beide Peroxydgruppen am C-Atom 2 sitzen. Die Aromatisierungstendenz spielt nicht nur beim Inden eine entscheidende Rolle.

2.5.1. Styrolderivate

Allgemein kann man feststellen, daß Sauerstoff mit polymerisierbaren Olefinen (besonders Vinylverbindungen) wie Styrol oder Acrylsäuremethylester reagiert. Die polymeren Peroxyde entstehen durch *Copolymerisation*.

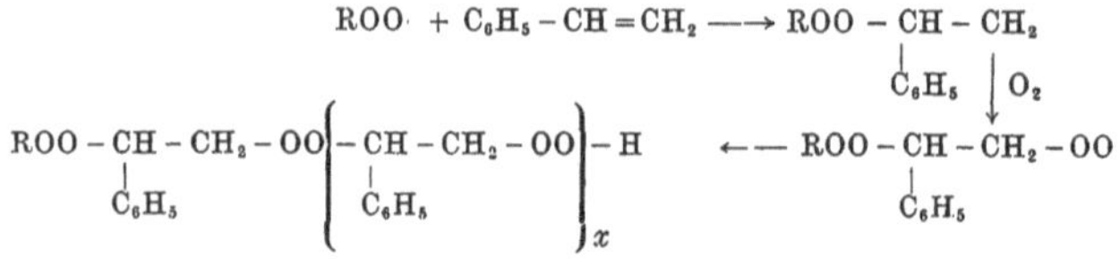

Die Copolymerisation zwischen Styrol und Sauerstoff kommt schon bei geringen Mengen von O_2 zustande, weil die Kohlenstoffradikale $10^6 - 10^7$ mal schneller mit Sauerstoff reagieren als mit monomerem Styrol. Bei anwesendem Sauerstoff wird die normale Polymerisation des Styrols oder anderer polymerisationsfähiger Monomerer in eine Copolymerisation übergeführt. Das entstehende Polymerperoxyd ist aber extrem instabil und zerfällt in die stabilen Bruchstücke Benzaldehyd und Formaldehyd. Allgemein kann man feststellen, daß die 1.2-Peroxyde instabiler sind als die 1.4-Peroxyde. Dies gilt gleichermaßen für Monomere und Polymere.

Während Styrol in Gegenwart von Sauerstoff polymerisiert, verhalten sich die an der Doppelbindung substituierten Styrole wie 1.3-Diene. Sie addieren den Sauerstoff in 1.4-Stellung und bilden cyclische und Polymerprodukte, wobei letztere überwiegen. Als Beispiele sollen α-Methyl- und β-Isopropylstyrol dienen.

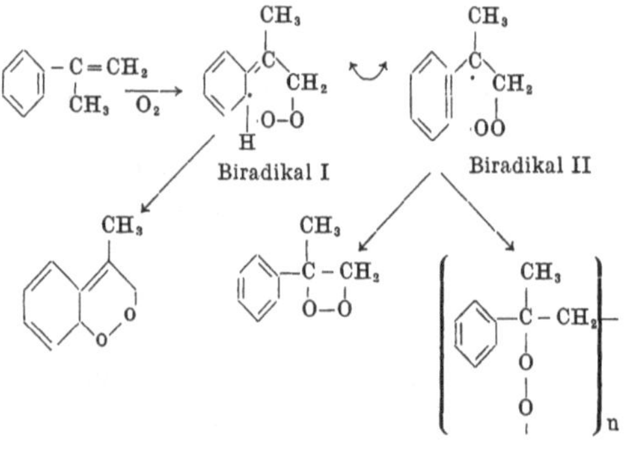

Das entstehende peroxydische Biradikal steht im Gleichgewicht mit einem zweiten peroxydischen Biradikal. Dieses ist durch Wiederherstellung des aromatischen Zustandes energieärmer.

Das peroxydische Biradikal II entspricht einem 1.2-Sauerstoffangriff. Aus dem 1.2-cyclischen Peroxyd und Polymerperoxyd entstehen bei thermischer Belastung sehr leicht Acetophenon und Formaldehyd. In einem Oxydationsgemisch lagen 15% cyclisches Peroxyd und 35% polymeres Peroxyd vor. Neben Acetophenon und Formaldehyd konnte auch α-Methyl-α-phenyläthylenoxyd und geringe Mengen Hydratropaldehyd nachgewiesen werden. Der Aldehyd entsteht aus dem gebildeten Epoxyd.

2.5.2. Die Hydroperoxydbildung bei konjugierten Dienen

Nicht alle 1.3-Diene geben ausschließlich Peroxyde. Die Hydroperoxydbildung spielt eine Rolle, wenn in α-Stellung zum Doppelbindungssystem aktivierte CH-Gruppen vorliegen. Hock konnte am β-Isopropylstyrol das Hydroperoxyd und cyclisches Peroxyd isolieren. Die Polymerbildung ist geringer als beim α-Methylstyrol.

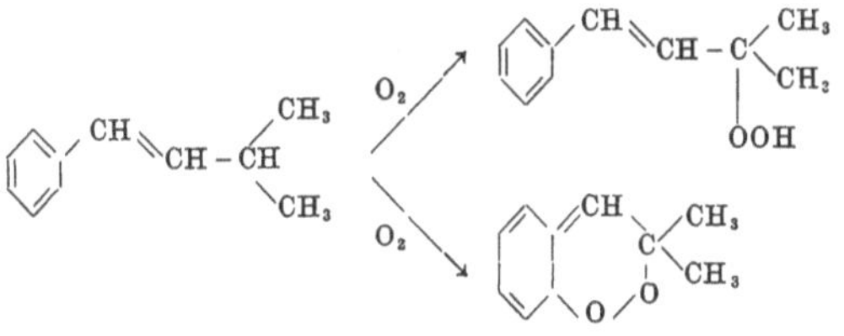

Die Isopropylgruppe in β-Stellung zum Benzolkern verringert die Tendenz zur Aromatisierung und vergrößert die Stabilität der cyclischen Peroxyde.

Die gleichzeitige Bildung von cyclischen Peroxyden und Hydroperoxyden konnte Hock auch bei der Oxydation von 1-Phenylcyclohexen-1 und $\Delta^{1,1'}$-Dicyclohexenyl beobachten.

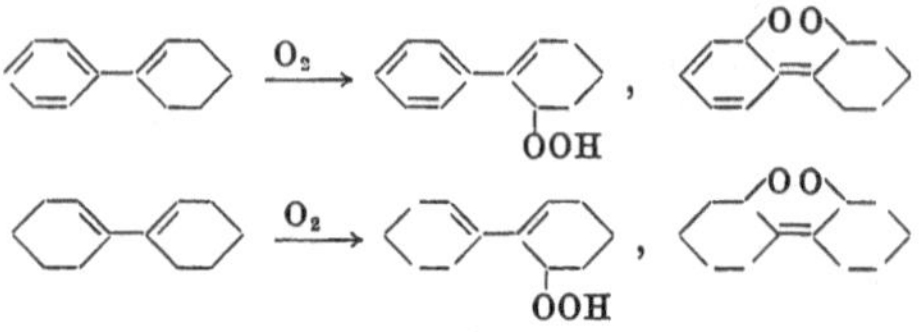

Normalkettige konjugierte Diene: Ihr Verhalten gegenüber Sauerstoff wollen wir an den Butadienen studieren. Dimethylbutadien-2.3 reagiert im Dunkeln kaum mit Sauerstoff, während bei Licht die Autoxydation sehr schnell erfolgt. Der erste Schritt erfolgt auch hier durch Sauerstoffanlagerung in 1.2- oder 1.4-Stellung. Aus den Biradikalen bilden sich polymere Peroxyde unter 1.2- und 1.4-Verknüpfung. Die Autoxydation verläuft ebenfalls autokatalytisch.

2.5.3. Der thermische Zerfall von cyclischen Peroxyden

Der thermische Zerfall des 2.8-Endoperoxydes des Isoindans wurde schon dargelegt. Die cyclischen Peroxyde des Cyclopentadiens und Cyclohexadiens zerfallen beim Erhitzen in cyclische Ketone. Die 1.4-Polymerperoxyde geben zum Teil gleiches Keton. Die thermische Spaltung der 1.2-Peroxyde wurde schon beim Styrol erklärt. Aus dem Cyclohexadien-1.2-peroxyd entsteht Glutaconaldehyd.

Cyclische Peroxyde unterliegen bei thermischer Belastung auch anderen Umlagerungen. Ascaridol oxydiert die eigene Doppelbindung zum Epoxyd, dabei entsteht aus der Peroxyd- eine Äthergruppe. Genauso verhält sich

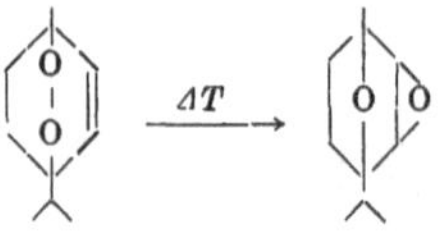

das cyclische Peroxyd des $\Delta^{1,1'}$-Dicyclohexenyls. Es ist außerordentlich stabil und erst oberhalb 130° bildet sich 1.1'- 2.2'-Dioxido-cyclohexylan.

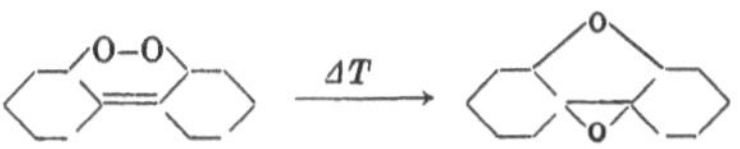

Durch Oxydation von Menthofuran entsteht ein instabiles Peroxyd mit Ozonidstruktur. Dieses zerfällt und bildet ein Hydroxylacton.

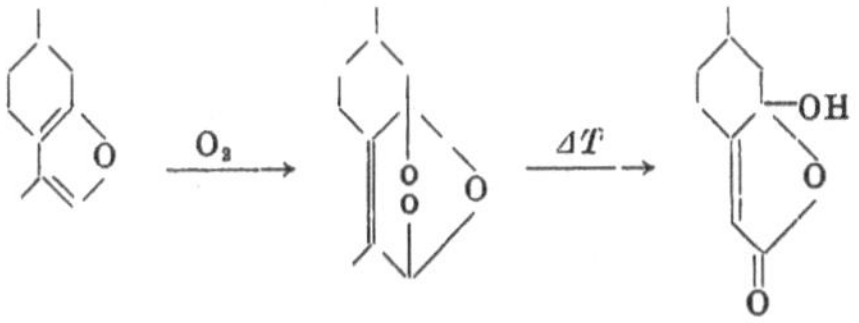

Das Hydroperoxyd spielt bei der normalen Oxydation die Rolle des Autokatalysators. Während in der Anfangsperiode die Zerfallsreaktion 1. Ordnung vorherrscht, wird bei einer gewissen Hydroperoxydkonzentration der Zerfall meistens eine Reaktion 2. Ordnung. Die Reaktionsgeschwindigkeit ist dann proportional der Konzentration des Autokatalysators. Die Autoxydation konjugierter Diene führt nicht zu Hydroperoxyden, sondern zu Peroxyden, die nur monomolekular zerfallen können.

$$R-O-O-R' \rightarrow RO\cdot + R'O\cdot$$

Die Autoxydation folgt der Gesetzmäßigkeit nach Gleichung 11.

Durch thermische Zersetzung der Polymerprodukte und nachfolgende Analyse kann der Anteil der 1.2- und 1.4-Polymeren bestimmt werden. Diese quantitative Analyse der Oxydationsprodukte ergab, daß das 2.3-Dimethylbutadien zu 40–50%, Isopren zu ca. 25% aus 1.2-Copolymerisaten besteht. Andere Autoren konnten zeigen, daß die 1.2-Anlagerungsprodukte der Butadiene noch höher liegen. Das polymere Cyclopentadienperoxyd bildet sich ebenfalls durch 1.2- und 1.4-Addition des Sauerstoffes.

2.5.4. Die Co-autoxydation

Darunter versteht man die gleichzeitige Oxydation von mindestens zwei Substanzen. Werden zwei Olefine zusammen oxydiert, bilden sich die möglichen Hydroperoxyde. Nur der Kettenabbruch kann zu gemischten Peroxyden führen. Anders liegen die Verhältnisse, wenn ein Olefin und ein konjugiertes Dien gemeinsam oxydiert werden. Das Olefin bildet Hydroperoxyde, das konjugierte Dien aber polymere Peroxyde. Würde man Dimethylbutadien zusammen mit Isopren oxydieren, käme eine Mischcopolymerisation zustande. Die Peroxyradikale beider Diene könnten mit beiden Ausgangsprodukten reagieren. Nicht so klar liegen die Verhältnisse, wenn das Gemisch Dimethylbutadien–Linolsäuremethylester autoxydiert wird. Beide Komponenten reagieren sehr schnell mit Sauerstoff, verhalten sich aber verschieden zum Sauerstoff. Wie W. Kern ausführt, können mehrere Möglichkeiten eintreten.

1. Getrennte Autoxydation

Neben dem polymeren Dimethylbutadienperoxyd bildet sich das Linolsäuremethylesterhydroperoxyd.

2. Einseitige Autoxydation

Nur eine der beiden Substanzen reagiert mit Sauerstoff. Die zweite Verbindung beeinflußt die Reaktionsgeschwindigkeit.

3. Coautoxydation

Beide Substanzen reagieren mit Sauerstoff und geben gekreuzte Reaktionsketten. Die auftretenden Peroxyradikale des Linolsäuremethylesters reagieren mit Dimethylbutadien, bilden Peroxyde und gleichzeitig neue Radikalstellen. Die Peroxybiradikale des Dimethylbutadiens reagieren mit dem Linolsäuremethylester und bilden Hydroperoxyde.

Bei der oxydativen Molekülvervielfachung der Gemische von Isolen- und Konjuenfettsäuren spielt die Coautoxydation eine wichtige Rolle.

Die Reaktionsgeschwindigkeit der angeführten Coautoxydation liegt höher als die der Einzelkomponenten. Das Auftreten gekreuzter Reaktionsketten konnte W. Kern durch Craig-Verteilung beweisen. Bei getrennter Autoxydation der Einzelsubstanzen müßte das Hydroperoxyd des Linolsäuremethylesters vom polymeren Dimethylbutadienperoxyd getrennt werden. Dies war nicht möglich.

2.5.5. Die Konjuenfettsäuren

Besonders eingehend untersucht wurde die Autoxydation des Eläostearinsäuremethylesters. Die Eläostearinsäure ist Hauptbestandteil des chinesischen Holzöles. Dieses findet breite Anwendung in der Lackindustrie. Der Sauerstoffangriff erfolgt in 1.2-, 1.4- und 1.6-Stellung. Die Sauerstoffanlagerung ist auf das konjugierte Trien beschränkt. In keinem Falle konnte eine Hydroperoxydbildung beobachtet werden. Infolge des unsymmetrischen Baues der Säure sind nebenstehende sechs Polymerstrukturen möglich:

Die Untersuchung der während der Autoxydation gebildeten Bruchstücke bestätigt die dargelegte Auffassung. Autoxydiert man in Gegenwart von abs. Methanol und Protonen, werden die gebildeten 1.2-Peroxyde zerstört und auch die 1.4-Peroxyde unterliegen der Zersetzung. Die Spaltung der 1.4-Peroxyde im sauren Medium stellt eine Ausnahme dar.

Die Hauptmenge der Spaltprodukte bildet die Azelainaldehydsäure. Sie entsteht durch eine 1.2-Addition

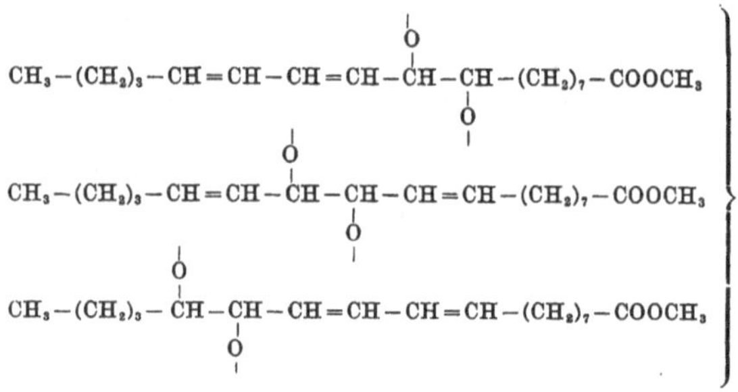

1.2-Addition

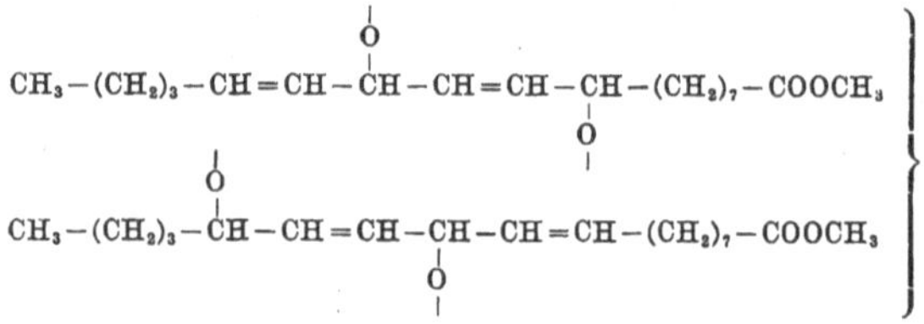

1.4-Addition

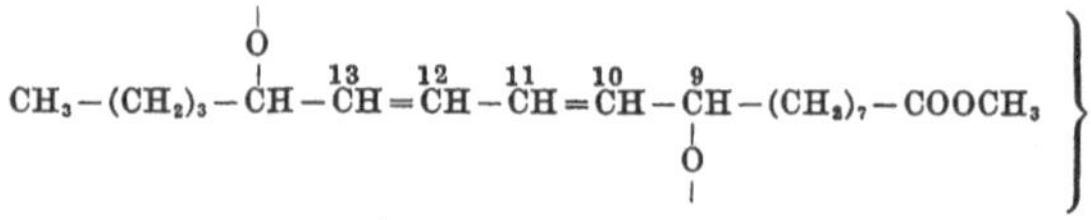

1.6-Addition

des Sauerstoffes an der Doppelbindung zwischen den C-Atomen 9 und 10 und anschließender Spaltung des Peroxydes. Pentenal und Heptenal konnten ebenfalls nachgewiesen werden. Dies steht im Einklang mit Ergebnissen anderer Autoren, die die *bevorzugte 1.2-Addition von Sauerstoff an nicht cyclischen konjugierten Dienen und Trienen* fanden. FAULKNER erhielt bei der Autoxydation des Eläostearinsäuremethylesters neben Spaltprodukten 35% 1.2-Peroxyde, ca. 7% 1.4-Peroxdye cyclischer Art sowie eine geringe Menge 1.6-Additionsprodukte. Die genaue Zuordnung gelang durch Hydrierung des Peroxydgemisches zu den Glykolen.

Die Auswertung des experimentellen Materials führt zu folgenden Schlußfolgerungen. Alle Möglichkeiten der Sauerstoffanlagerung an ein konjugiertes System werden verwirklicht. Die 1.2-Anlagerung wird gegenüber der

1.4- und 1.6-Addition bevorzugt. Bei einem konjugierten Trien überwiegt die 1.2-Anlagerung an den endständigen Doppelbindungen. Die experimentellen Ergebnisse deuten darauf hin, daß beim Eläostearinsäureester die Doppelbindung zwischen den C-Atomen 9 und 10 besonders bevorzugt ist. Die gerichtete Anlagerung von Sauerstoff kann man auch an anderen Verbindungen beobachten.

Der Sorbinsäuremethylester wurde unter verschiedensten Bedingungen oxydiert. Der Sauerstoffangriff erfolgte immer an der Doppelbindung zwischen den C-Atomen 4 und 5. Die der Estergruppe benachbarte Doppelbindung ist gegenüber Sauerstoff resistent. Dies trifft auch auf andere Additionsreaktionen zu. Muconsäurediäthylester, dessen beide Doppelbindungen in Nachbarstellung zu Estergruppen stehen, wird äußerst schwer autoxydiert. Der Sauerstoffangriff erfolgt durch 1.2-Addition.

2.5.6. Die Molekülvervielfachung

Die Polymerbildung bei der Autoxydation mehrfach ungesättigter Fettsäureester erfolgt nach einem einheitlichen Schema. Die Isolenfettsäureester bilden während der Autoxydation konjugierte Diene, die in der Lage sind, wie Konjuenfettsäuren mit Sauerstoff zu reagieren. Die 1.2-Addition des Sauerstoffes an dem konjugierten Doppelbindungssystem ist bevorzugt. Es kommt aber nicht zu einer Mischpolymerisation nach dem Beispiel von Vinylverbindungen. Die Mehrzahl der Autoren nimmt die Bildung eines Perdioxanringes zwischen zwei ungesättigten Molekülen an. Andere Veröffentlichungen geben den Dioxanring als Endprodukt an.

2.5.7. Die Filmbildung durch Trocknungsvorgänge

Zur Filmbildung sind besonders die Konjuenfettsäuren geeignet. Die Isolenfettsäuren bilden während der Oxydation mit Sauerstoff zwar ein konjugiertes System, aber die zusätzlich im Molekül enthaltene Hydroperoxydgruppe fördert die Spaltungsreaktion. Unter Trocknungsvorgang versteht man die durch O_2-Einwirkung sich vollziehende Molekülvervielfachung. Das Anwachsen des Moleküls führt über die Stufe der kolloiden Dispersion zur Gel- und schließlich zur Filmbildung.

Für einen guten Film ist die dreidimensionale Vernetzung wichtig. Die Glyceridstruktur ist deshalb für die Art der Molekülvergrößerung und für die Eigenschaften des entstehenden Films von großer Bedeutung. Die Gesamtfunktionalität von 3 muß bei einem zur Filmbildung vorgesehenen Glycerid erreicht sein.

Die Funktionalität eines Eläostearylrestes ist infolge des vorhandenen Triensystems größer als 1, nicht aber größer als 2. Es genügen für die Vernetzung zwei Eläostearylreste im Glycerid um die Gesamtfunktionalität von 3 zu erreichen. KAUFMANN hat derartige Versuche an synthetischen Glyceriden durchgeführt.

Das Oleo-di-α-eläostearin bildet keinen echten Film, während Linolo-di-α-eläostearin und Di-linolo-α-eläostearin klare und glatte, wenn auch klebrige Filme ergibt. Diese Versuche zeigen, daß bei zwei Eläostearylresten im Glycerid die Gesamtfunktionalität den Wert 3 praktisch nicht erreicht.

Maßgebend dafür sind die möglichen Verknüpfungen der Eläostearylreste. Es ist nicht möglich, zwei Eläostearylreste durch zwei Dioxanringe zu verknüpfen. Aus sterischen Gründen kommen nur die intramolekulare und die intermolekulare Verknüpfung von zwei Eläostearylresten über je einen Dioxanring in Betracht.

Die Gesamtfunktionalität wird durch intramolekulare und ungünstige intermolekulare Verknüpfungen, Ausfall von Doppelbindungen infolge Spaltungsreaktionen oder Bildung anderer Oxydationsprodukte herabgesetzt. Sobald die Ausbildung des Raumnetzes gestört wird, kommt es nicht zur erwarteten Filmbildung.

Übergroße Funktionalität übt dagegen einen nachteiligen Einfluß auf die Filmqualität aus, wie W. O. LUND-

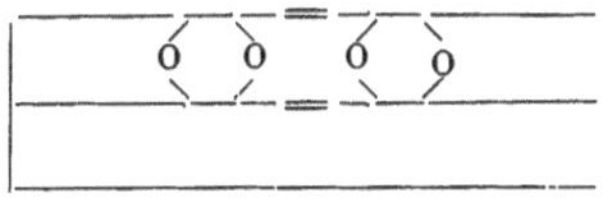

Aus sterischen Gründen nicht möglich

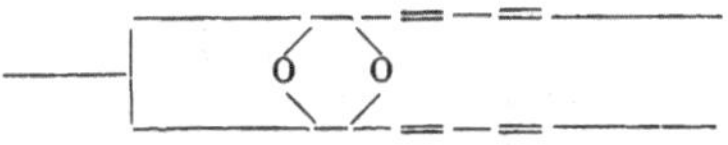

Mögliche intramolekulare Verknüpfung Gesamtfunktionalität < 2

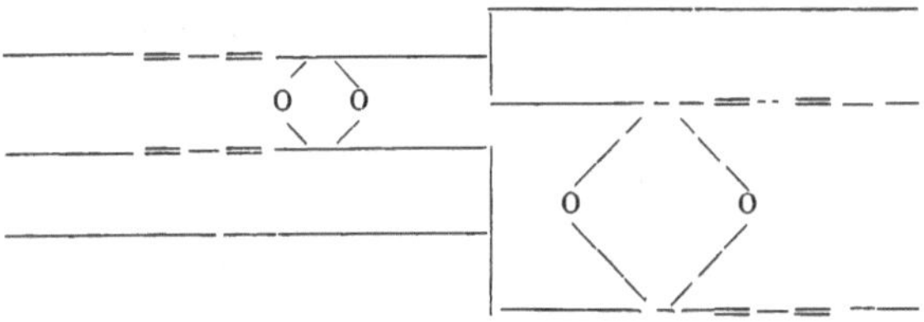

Mögliche intermolekulare Verknüpfungen von Di-α-eläostearin Gesamtfunktionalität < 3

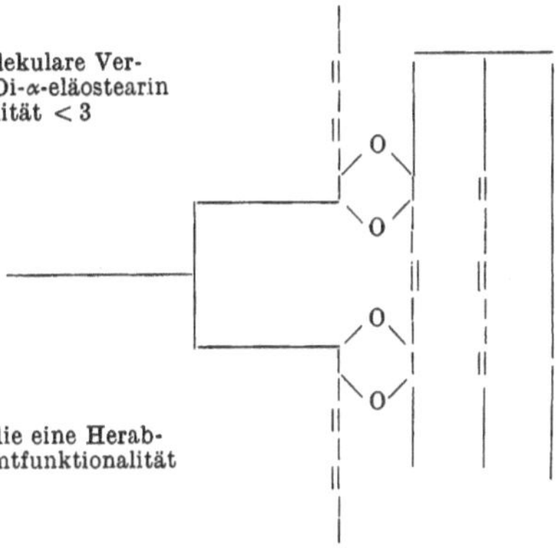

Verknüpfungen, die eine Herabsetzung der Gesamtfunktionalität bedeuten.

BERG-ausführte. Die überflüssigen ungesättigten Säurereste unterliegen ebenfalls der Autoxydation, haben aber keinen Anteil an der Vernetzung und führen zum oxydativen Abbau.

2.6. Die Oxydation gesättigter Kohlenwasserstoffe

Bisher untersuchten wir die Sauerstoffoxydation an Substanzen, die aktivierte C—H-Bindungen besaßen und für die Oxydation prädestiniert waren. Der Reaktionsmechanismus der Oxydation gesättigter Kohlenwasserstoffe und insbesondere der der Paraffine ist komplexer, und schwieriger zu entwirren. Es gibt keine aktivierenden Gruppen. Der Radikalangriff und die Einwirkung des Sauerstoffes erfolgen an den verschiedensten Stellen des Moleküls. Die geringere Aktivität der C—H-Bindungen erfordert die Anwendung höherer Temperaturen. Die durchschnittliche Kettenlänge im Vergleich zu der von Cumol oder Cyclohexen fällt wesentlich ab. Die Primärprodukte der Oxydation und deren Zersetzungsprodukte unterliegen rascher Weiteroxydation. Im Gegensatz zum Ausgangskohlenwasserstoff besitzen sie aktivierende Gruppen.

2.6.1. Die relative Oxydationsgeschwindigkeit

Bekanntlich werden die CH-Gruppen eher als die CH_2-Gruppen und wesentlich leichter als die CH_3-Gruppen oxydiert. Jede Verzweigungsstelle bei Kohlenwasserstoffen zieht den Sauerstoffangriff auf sich, während die endständigen CH_3-Gruppen in geringem Maße angegriffen werden. Die Oxydationsgeschwindigkeit der n-Paraffine nimmt mit der Kettenlänge zu. Sehr deutlich sichtbar wird dies durch den Vergleich der relativen Oxydationsgeschwindigkeiten verschiedener n-Paraffine.

Tab. 2 Relative Oxydationsgeschwindigkeit verschiedener *n*-Paraffine

KW-Stoff	Rel. Oxyd.-Geschw.
Äthan	0,001
Propan	0,1
n-Butan	0,5
n-Pentan	1,0
n-Hexan	7,5
n-Octan	200
n-Decan	1380

Die relative Oxydationsgeschwindigkeit ist definiert als der Quotient der aufgenommenen Mole Sauerstoff zu den Molen Ausgangskohlenwasserstoff mal der verstrichenen Zeit. n-Paraffine oxydieren schneller als verzweigtkettige Paraffine gleicher C-Zahl. Dies klingt nach dem bisher gesagten paradox, da neben der fast gleichen Zahl CH_2-Gruppen eine aktivere CH-Gruppe vorliegt. Vergleichen wir die relative Oxydationsgeschwindigkeit verschiedener isomerer Hexane. Sie verhält sich bei 2.3-Dimethylbutan zu 2.2-Dimethylbutan zu 3-Methylpentan zu 2-Methylpentan zu n-Hexan wie 1:12:60:560:1580. Das n-Hexan wird rascher oxydiert als alle möglichen Isomeren mit 6 C-Atomen. Dieses Ergebnis ist sicher überraschend.

Die Erklärung liegt in der verschiedenen Beständigkeit der Hydroperoxyde. Die primären sind sehr instabil. Die Beständigkeit nimmt über die sekundären zu den tertiären Hydroperoxyden stark zu. Tertiäre CH-Gruppen bilden zwar leichter Hydroperoxyde, diese sind aber verhältnismäßig stabil. Je schneller der Zerfall der Hydroperoxyde – gleiche Entstehungsgeschwindigkeit vorausgesetzt – desto rascher erfolgt die Neubildung von Radikalen. Je schneller der Zerfall, desto rascher verläuft die Oxydation. Trotz der leichten Bildung der tertiären Hydroperoxyde verhindert die Stabilität dieser eine höhere Oxydationsgeschwindigkeit.

2.6.2. Die statistische Verteilung der Angriffsstellen

Die Mehrzahl der Autoren geht von der Gleichwertigkeit der CH_2-Gruppen bei geradkettigen Kohlenwasserstoffen aus. Man spricht von einer statistischen Verteilung der Angriffsstellen des Sauerstoffes. Damit soll ausgedrückt werden, daß in bestimmten Zeitabständen bei einer genügend großen Zahl gleicher Kohlenwasserstoffmoleküle die verschiedenen CH_2-Gruppen der Kohlenstoffkette gleich stark angegriffen werden.

In letzter Zeit haben E. LEIBNITZ und Mitarbeiter versucht, die Kompliziertheit der Paraffinoxydation aufzuklären. Sie gingen von der These aus, daß der oxydative Abbau der n-Alkane nicht nach einer statistischen Verteilung erfolgt. Wir werden später noch ausführlich darauf eingehen.

Die Gleichwertigkeit der einzelnen CH_2-Gruppen wollen wir an zwei Beispielen demonstrieren. Führt man die Oxydation des n-Dekans bis zu einem 4%igen Umsatz durch, so ergibt sich ein Anteil von 56% Hydroperoxyd an oxydiertem Material. Die durchschnittliche Kettenlänge beträgt 4. Analysiert man die Zusammensetzung der Dekanole, erhalten aus reinem Hydroperoxyd durch Reduktion oder durch vollständige Reduktion der Oxydationsprodukte, so erhält man die in Tabelle 3 wiedergegebenen Werte.

Tab. 3 Die Oxydation von n-Dekan und die durch Reduktion der Oxydationsprodukte erhaltenen Decanole (proz. Anteil)

Verbindung	Hydroperoxyd	Keton
Dekanol-1	–	–
Dekanol-2	28%	25%
Dekanol-3	28%	22%
Dekanol-4	22%	25%
Dekanol-5	22%	28%

Dabei muß man berücksichtigen, daß die unsymmetrischen Ketone schneller als die symmetrischen oxydiert werden. Das Dekanon-5 als fast sym. Keton und das Dekanon-2 durch die benachbarte CH_3-Gruppe reichern sich infolge ihrer größeren Beständigkeit an. Aus Tabelle 3 geht hervor, daß der Angriff des Sauerstoffes an den CH_2-Gruppen bevorzugt erfolgt und die einzelnen CH_2-Gruppen annähernd gleichwertig sind.

PRITZKOW hat die statistische Verteilung des Sauerstoffangriffes am n-Heptan untersucht. Er oxydierte den Kohlenwasserstoff bei 130° und 3 atü Druck in Abwesenheit von Katalysatoren. Nach 10–15 Stunden erhielt er maximal 1% Hydroperoxyd in der flüssigen Phase, die er durch Verteilung auf 90% anreicherte.

Das Gemisch der isomeren Hydroperoxyde wurde mit Manganlaurinat zu Carbinolen und Ketonen zersetzt. Die drei isomeren Heptanone fielen in gleichen Mengen an. Die Bevorzugung einer CH_2-Gruppe bei der Oxydation konnte nicht nachgewiesen werden. Das 1-Hydroperoxy-n-heptan liegt nur in geringer Menge vor.

2.6.3. *Zwischen- und Endprodukte der Oxydation*

Betrachten wir einmal näher den Ablauf der Oxydation von normalen Alkanen. Die Sauerstoffbegasung erfolgt meist in Gegenwart von Katalysatoren. Diese führen zu einem raschen radikalischen Zerfall der entstandenen Hydroperoxyde und beschleunigen somit die Oxydationsgeschwindigkeit.

Die Oxydation verläuft mit oder ohne Katalysatoren nach Bildung der Hydroperoxyde über die Ketone, die ihrerseits zu Ketonhydroperoxyden oxydiert werden. Diese sind instabil und zerbrechen die Kohlenstoffkette. Der Hauptweg der Ketonbildung bei Abwesenheit von Katalysatoren wird wie folgt angenommen:

$$\rangle CH-OOH + ROO\cdot \rightarrow ROOH + \rangle\dot{C}-OOH$$

$$\rangle C-OOH \rightarrow \rangle C=O + \cdot OH$$

Für die katalytische Zersetzung der Hydroperoxyde gilt, daß die entstehenden Alkoxy- und Peroxyradikale mit den Hydroperoxyden unter Ketonbildung reagieren können. Die Alkoxyradikale zerbrechen zum Teil auch die Alkankette. Die bimolekulare Reaktion der Alkoxyradikale ergibt Ketone und Alkohole ohne Bruch einer C—C-Bindung. Bei allen Reaktionen in flüssiger Phase ist diese bimolekulare Reaktion bevorzugt. PRITZKOW fand bei der Zersetzung von Cyclohexenhydroperoxyd in Cyclohexen bei Gegenwart von Co-Salzen nur 1—2% Capronsäure. Der Anteil der Spaltungsreaktion bei n-Heptan- oder n-Pentanhydroperoxyden liegt zwischen

5—10%. Die Aktivierungsenergie der unimolekularen C—C-Spaltung von Alkoxyradikalen besitzt einen um 6—7 kcal/Mol höheren Wert als die der bimolekularen Konkurrenzreaktion.

Der Anteil beider Reaktionen hängt daher von der angewandter Temperatur ab. In siedendem Nonan (151°) entstehen wesentlicn mehr Spaltprodukte als in siedendem Heptan (98°). Je höher dih Temperatur während der Oxydation, desto leichter zerfallen die Hydroperoxyde in Oxyradikale, desto leichter kommt es zue Spaltung der Kette. Die Fettsäurebildung aus n-Kohlenwasserstoffen verläuft also auf zwei Wegen. Die Alkoxyradikale und die Ketone sind Zwischenprodukte.

Die Hauptarbeiten zur Aufklärung der Kohlenwasserstoffoxydation wurden in den beiden letzten Jahrzehnten geleistet. Gleich zu Anfang setzte sich die Erkenntnis durch, daß als Primärprodukte die Hydroperoxyde entstehen. Wie vollzieht sich die Sprengung der C—C-Bindungen, die sonst nur mit stärksten Oxydationsmitteln erfolgt? Anfangs bestand die Auffassung, daß durch Zersetzung der Hydroperoxyde Carbinole und Halbacetale entstehen. Die experimentelle Nachprüfung zeigte, daß die Fettalkohole unter den Oxydationsbedingungen nur in geringem Maße angegriffen werden und eine Anreicherung erfolgen müßte. Dies trifft nicht zu. LANGENBECK nahm daher die bevorzugte

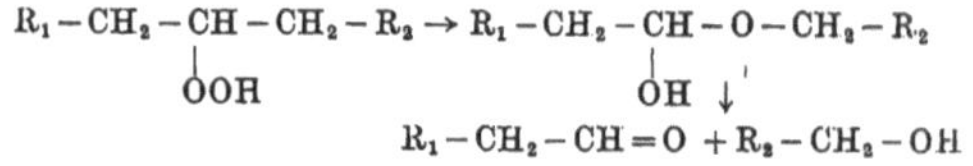

Weiteroxydation in Nachbarstellung zur Hydroperoxydgruppe an. Die gebildeten Dihydroperoxyde sollten über Ozonide die Sprengung der C—C-Bindung bewırken. Die quantitative Bestimmung des Hydroperoxydgehaltes während der Oxydation spricht

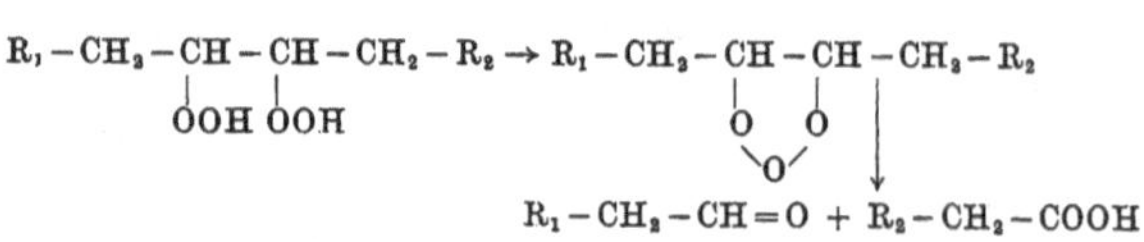

gegen diese Auffassung. Die rasche radikalische Zerstörung der Hydroperoxyde durch Katalysatoren verhindert die Bildung der Dihydroperoxyde. Es konnte auch an keinen Testsubstanzen geradkettiger Alkane während der Oxydation α-Dihydroperoxydbildung beobachtet werden.

Interessant ist in diesem Zusammenhang die technische Oxydation von Cyclohexan. Führt man die Reaktion bei 140–155° und 15 atü Druck unter Zusatz geringer Mengen von Co-Salzen durch, so erhält man folgende Endprodukte. Bei einem mittleren Umsatz geben 100 kg Kohlenwasserstoff 70–80 kg Cyclohexanon und Cyclohexanol in fast gleichen Anteilen, 5–12 kg Adipinsäure und 20–25 kg niedere Dicarbonsäuren. Bemerkenswert ist der große Anfall von Glutar- und Bernsteinsäure auf Kosten der Adipinsäure. Bestätigt wird die radikalische Zerstörung der Hydroperoxyde durch $Co^{(+)(+)}$- und $Co^{(+)(+)(+)}$-Ionen in Peroxy- und Alkoxyradikale. Die Alkoxyradikale ergeben durch die bimolekulare Reaktion Cyclohexanon und Cyclohexanol.

Die Oxydation niederer Kohlenwasserstoffe wird technisch zum Teil als Flüssigphasenoxydation durchgeführt. Die Zusammensetzung der Endprodukte hängt von Temperatur und Druck ab. Die Oxydation von n-Butan bei ca. 170° und 80 atü Druck zeigt die besten Resultate. Die Summe der verwertbaren Produkte liegt am höchsten. Der Gehalt an CO, CO_2, Ameisen- und Propionsäure, an Ketonen und Estern variiert stark bei geänderten Bedingungen. Je höher die Temperatur gewählt wird, desto geringer ist infolge der sofortigen Weiteroxydation die Ester- und Ketonanreicherung. Die Erhöhung des Druckes verringert die Menge an CO und CO_2 auf Kosten der Säure-, Keton- und Esteranteile. Bei 5% Umsatz (80 atü, 170°) erhält man 63% Essigsäure, 3,6% Ameisen- und Propionsäure, 30% Ester, Ketone und Alkohole (Methyläthylketon, sek. Butylalkohol, Aceton, Äthylacetat) sowie CO und CO_2.

2.6.4. Die Paraffin- und Fettsäureoxydation

Wenden wir uns nun den Problemen der Paraffinoxydation zu. Beim technischen Prozeß werden grundsätzlich Luft als Oxydationsmittel und Manganverbindungen als Katalysatoren angewandt. Die Temperaturen liegen zwischen 115–125°. Die Paraffinoxydation wird in unserer Republik im VEB Hydrierwerk Rodleben durchgeführt. Als Endprodukt entstehen die besonders wertvollen geradkettigen gesättigten Carbonsäuren, von denen die C_{10}—C_{20}-Fraktion bevorzugt erwünscht ist, sowie Ester, Estolide, Dicarbonsäuren, Ketosäuren, Hydroxysäuren, Lactone und besonders niedere Fettsäuren wie Ameisen- und Essigsäure, sowie verzweigtkettige und ungesättigte Fettsäuren.

2.6.4.1. Die Fettsäurebildung

Es ist sicherlich nicht uninteressant, an den Anfang dieser Ausführungen die Tatsache zu stellen, daß ein anfänglicher Zusatz von Stearinsäure bei der Paraffinoxydation in kurzer Zeit hohe Fettsäureausbeuten bringt. Der Fettsäurezusatz begünstigt die Säurebildung. Die Rolle der Säuren bei der Sprengung der C—C-Bindungen wurde von uns bisher bei den n-Alkanen noch nicht berücksichtigt.

Die saure Zersetzung von Cumol- oder Cyclohexenhydroperoxyd führte zur Sprengung benachbarter C—C-Bindungen. Für die n-Alkanhydroperoxyde trifft dies nicht in gleichem Maße zu. Das Hauptprodukt der sauren Spaltung sind die Ketone. Die Ketone bilden sehr schnell Hydroperoxyde, die in Gegenwart geringer Mengen Säuren Aldehyde und Säuren als Spaltprodukte bilden. Gibt man nicht sofort Säuren zu Beginn der Sauerstoffbegasung zu, so wird die Anfangsperiode der Oxydation infolge verspäteter Keton- und Säurebildung verzögert. Außerdem bilden sich in höherem Maße Alkohole, deren Weiteroxydation gegenüber den Ketonen zurückbleibt.

Betrachten wir die Verteilung der Fettsäuren. Wir gingen von der Gleichwertigkeit aller CH_2-Gruppen aus. Der Bruch der C—C-Bindungen erfolgt entweder durch saure Spaltung des n-Alkanhydroperoxydes, des Ketohydroperoxydes oder durch Zerfall der gebildeten Alkoxyradikale. Im Verlauf der weiteren Oxydation entstehen aus den Bruchstücken Fettsäuren. Das mittlere Molgewicht der entstandenen Fettsäuren müßte angenähert die halbe Größe des Molgewichtes des Ausgangsalkans besitzen.

Von diesem Gesichtspunkt aus untersuchten E. LEIBNITZ und Mitarbeiter die Paraffinoxydation. Das mittlere Molgewicht der gefundenen Fettsäuren liegt beträchtlich unter dem berechneten Wert. Besonders auffällig ist die Anreicherung niederer Fettsäuren. Geht man von der statistischen Verteilung des Sauerstoffangriffes aus, so müßte das Verhältnis von wasserlöslichen Fettsäuren (bis C_7) zu wasserunlöslichen wie 1 : 2,5 sein. In Wirklichkeit erhält man ein Verhältnis von 1:1. Es bilden sich mehr niedere Fettsäuren als die Theorie zuläßt. Kohlensäure, Ameisensäure und Essigsäure sind im wasserlöslichen Teil besonders stark vertreten.

Die Säurebildung verläuft hauptsächlich über die Ketonhydroperoxyde. Die der Ketogruppe benachbarten CH_2-Gruppen sind bei unsymmetrischen Ketonen nicht gleichwertig (siehe Oxydation der Ketone). Jene CH_2-Gruppe wird bevorzugt oxydiert, die dem kürzeren Alkanrest angehört. Damit ergibt sich zwar keine Veränderung des durchschnittlichen Molgewichtes der Fettsäuren, aber eine Erhöhung des Anteiles der niederen Fettsäuren.

2.6.4.2. Die Fettsäureoxydation

Oxydiert man reine Stearinsäure unter den Bedingungen der Paraffinoxydation, so ergibt sich ein überraschendes Resultat. Beträchtliche Mengen Kohlensäure, Essig- und Ameisensäure, sowie weitere niedere Spaltprodukte entstehen. Ein Mol umgesetzte Stearinsäure ergibt 2,85 Mol Spaltsäuren und 1,23 Mol Wasser. Daneben entstehen geringe Mengen neutraler Produkte mit hoher Carbonyl- und Alkoholzahl. Zu Beginn der Oxydation der Stearinsäure fehlt die C_{17}-Säure, während alle anderen Säuren (C_1—C_{16}) schon vorliegen. Als erste beobachtbare Säuren traten in abnehmender Konzentration die Säuren C_{16}, C_{14} und C_{15} auf.

Trennt man die zusätzlich sauerstoffhaltigen Fettsäuren ab und behandelt sie mit Alkali, so entsteht ein neues Spektrum normaler Fettsäuren. Die Alkalibehandlung erfolgte unter den in der Praxis geübten Bedingungen. Die Alkalisalze der Fettsäuren werden mit überschüssigem Wasserdampf bei 300° belastet. Dies erfolgt in der Technik im sogenannten UV-Ofen. Unter diesen extremen Bedingungen bilden die OH- und CO-Gruppen enthaltenden „überoxydierten Säuren" Fettsäuren.

Das bemerkenswerte der Untersuchungen besteht in der Feststellung, daß die geradzahligen Säuren in einer deutlich höheren Konzentration vertreten sind als die ungeradzahligen. Bei der Fettsäureoxydation sind die CH_2-Gruppen nicht gleichwertig. Die β-Stellung wird bevorzugt vom Sauerstoff angegriffen.

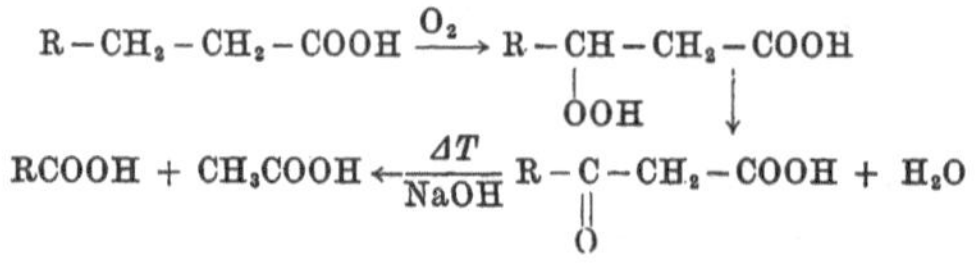

Die radikalische Chlorierung der Fettsäuren führt zu ähnlichem Ergebnis. Der Angriff erfolgt bevorzugt an Stellen hoher Elektronendichte. Die einzelnen CH_2-Gruppen sind nicht gleichwertig. Die Isomerenverteilung der Monochlorfettsäuren zeigt die bevorzugte β-Chlorierung. In α-Stellung liegen 5%, in γ-Stellung 31% und in β-Stellung 64% der Monochlorfettsäuren vor.

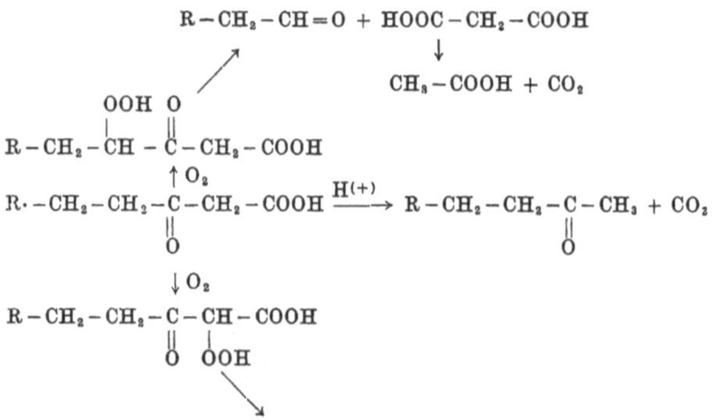

Die bevorzugte β-Oxydation der entstandenen Fettsäuren erklärt das Auftreten großer Mengen Essigsäure und Kohlendioxyd, weil die β-Ketonsäuren nach zwei Methoden gespalten werden. Die gebildeten β-Ketosäuren unterliegen der weiteren Oxydation in α- und γ-Stellung.

Die β-Oxydation ist nicht die einzige Abbaureaktion der Fettsäuren. Hinzu kommt die von sowjetischen Autoren untersuchte oxydative Decarboxylierung.

$$R-CH_2-COOH + ROO\cdot \rightarrow ROOH + R-CH_2-COO\cdot$$

$$R-CH_2-COO\cdot \rightarrow R-CH_2\cdot + CO_2$$

Sie ist nicht von untergeordneter Bedeutung. Es wurde festgestellt, daß die Hydroxylwasserstoffatome der Säuren mit den freien Peroxyradikalen etwa 30 mal schneller reagieren als die Wasserstoffatome der CH_2-Gruppen. Gleichzeitig erklärt diese Reaktion die auftretenden Ameisensäuremengen. Durch Abspaltung von CO_2 entsteht ein primäres Alkanradikal. Dieses reagiert mit Sauerstoff zum Peroxyradikal. Amerikanische Autoren nehmen an, daß primäre Peroxyradikale leicht in Ameisensäure und Alkanradikale zerfallen.

$$R-CH_2-CH_2-OO\cdot \rightarrow R-CH_2\cdot + HCOOH$$

2.6.4.3. Der Oxydationsverlauf

Beim Studium des Oxydationsverlaufes an Hand einzelner Kennzahlen kann man folgendes feststellen. Die Peroxydzahl steigt zu Beginn der Reaktion bis zum Maximum steil an und fällt im weiteren Verlauf ebenfalls rasch wieder ab. Die Hydroxylzahl zeigt anfänglich ebenfalls einen starken Anstieg, der mehr und mehr in eine Gerade mit konstantem OH-Gehalt übergeht. Dieser konstante Wert wird meist schon nach 12 Stunden erreicht. Die Carbonylzahl wächst ebenfalls anfangs stark, erreicht im Gegensatz zur OH-Zahl keinen konstanten Wert, sondern nimmt im Verlauf der weiteren Oxydation langsam zu. Die Zunahme verringert sich mit der Zeit mehr und mehr. Zu Beginn der Oxydation liegt nur wenig Säure vor, da deren Bildung über die Ketonoxydation noch unwesentlich ist. Die Säureverteilung dagegen ist interessant. Es überwiegen anfangs die Säuren mit niederem Molekulargewicht, besonders Ameisen- und Essigsäure. Später wird die Verteilung gleichmäßiger, weil die Zusammensetzung durch die Ketonoxydation bestimmt wird.

Die Bildung der Dicarbonsäuren, Keto- und Hydroxysäuren wurde bereits erklärt. Durch Reaktion der Ketone mit Persäuren entstehen Ester. Die Persäuren bilden sich bei der Oxydation der Aldehyde. Die Mehrzahl der Ester entsteht durch Umsetzung der Säuren mit Alkoholen. Es überwiegen die Ameisen- und Essigsäureester. Die Lactone können sich durch Wasserabspaltung aus den Hydroxysäuren bilden. Neben den echten Estern kennt man noch die sogen. falschen Ester. Diese Verbindungen täuschen im UV-Ofen Ester vor. Die echten Ester sind nur zu ca. 20% in den esterähnlichen Verbindungen enthalten. Die Mehrzahl der falschen Ester sind Verbindungen, die sich wie β-Ketosäuren verhalten. Sie unterliegen der Säurespaltung.

2.6.5. Die Verletzung der statistischen Verteilung bei der Oxydation von gesättigten Kohlenwasserstoffen

Die statistische Verteilung des Sauerstoffangriffes auf eine Alkankette wird nur scheinbar verletzt. Bei den Studien über die Sauerstoffbegasung von n-Alkanen bei niederen Temperaturen ging E. Leibnitz auf Grund des auftretenden Fettsäurespektrums und anderer Beobachtungen von folgender Arbeitshypothese aus, die im Endergebnis viele Erscheinungen richtig zu deuten vermag.

1. Der oxydative Angriff erfolgt nicht nach einer statistischen Verteilung über die Länge der Kette. Der Sauerstoff greift hauptsächlich an der primären CH_3-

Gruppe an. Die Oxydation am zweiten C-Atom erfolgt kaum, dagegen wird das dritte C-Atom wiederum bevorzugt. Die folgenden C-Atome werden in erheblich geringerem Maße und mit abnehmender Wahrscheinlichkeit angegriffen. Die Alkanale und die Alkanone-3 bestimmen als wichtigste Ketone die weitere Oxydation.

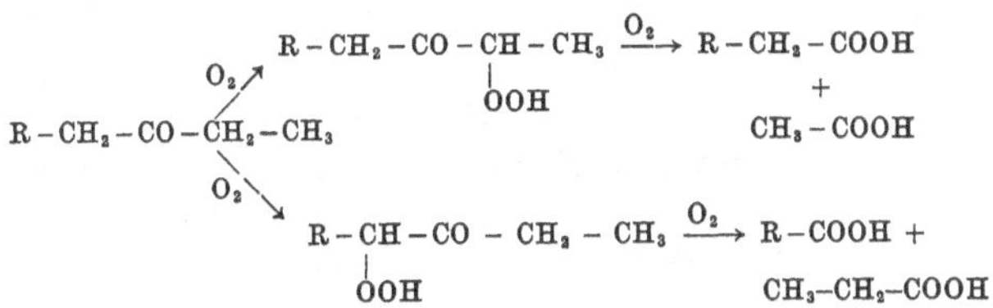

2. Die entstandenen Fettsäuren werden unter β-Angriff des Sauerstoffes zu niederen Fettsäuren oxydiert, wobei sich vorwiegend β-Ketosäuren bilden. Diese zerfallen in Methylketone und CO_2. Die weitere Oxydation führt unter Essig- und Ameisensäurebildung zu niederen Fettsäuren.

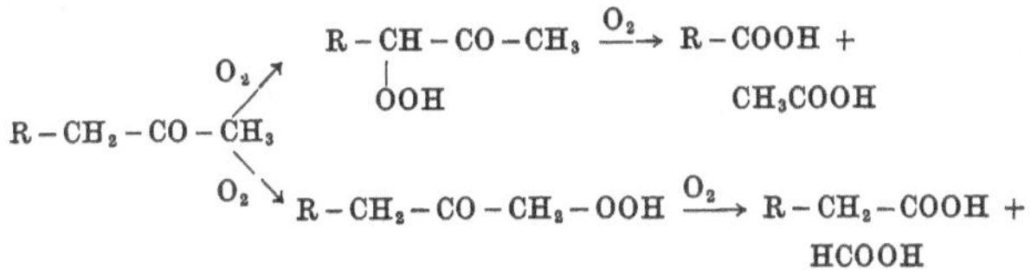

2.6.5.1. *Die Oxydation von Testsubstanzen*

Besonders aufschlußreich waren die experimentellen Untersuchungen an reinem Octadecan. Die Trennung der entstandenen Fettsäuren erfolgte chromatographisch. Nach kurzer Oxydationszeit kann die Stearinsäure in größerer Menge nachgewiesen werden, während die C_{14}- und C_{16}-Säure in geringerer Konzentration auftraten. Die ungeradzahligen Säuren C_{13} und C_{15} waren gerade noch nachweisbar. Trotz Verlängerung der Oxydationszeit tritt die C_{17}-Säure nicht auf, obwohl das Spektrum der abgebauten Säuren bis C_{12} reichte. Während die Zahlenmenge der Säuren zunimmt, verringert sich die Konzentration der Stearinsäure.

Dieser überraschende Befund läßt sich aber auch anders erklären. Erfolgt der Sauerstoffangriff an einer CH_3-Gruppe, so entsteht über das sehr instabile Hydroperoxyd sofort ein Aldehyd. Dessen Oxydation zur Säure verläuft sehr rasch. Jeder Sauerstoffangriff an einer CH_2-Gruppe führt zu einem stabileren Hydroperoxyd. Bei der Zerstörung tritt nur in geringem Maße eine Kettenspaltung ein. Dies steht im Einklang mit der Tatsache, daß im Verlaufe der Oxydation der Anteil der Stearinsäure abnimmt.

2.6.5.2. *Die thermische Zersetzung primärer Hydroperoxyde*

Es ist unzulässig, die Gesetzmäßigkeiten der thermischen Zersetzung von tertiären Hydroperoxyden auf primäre zu übertragen. Führt man die thermische Zersetzung von reinen primären Alkanhydroperoxyden durch, so erhält man als Hauptprodukte Wasserstoff, Wasser, Säure und Ester.

$$R{-}CH_2{-}OOH \rightarrow R{-}\underset{\underset{O}{\|}}{C}{-}OH + H_2 \qquad (21)$$

$$2R{-}CH_2{-}OOH \rightarrow R{-}\underset{\underset{O}{\|}}{C}{-}O{-}CH_2{-}R + H_2O$$

Diese Umsetzungen wurden am n-Butyl-, Isobutyl-, Isoamyl-, n-Hexyl-, n-Octyl- und n-Decylhydroperoxyd untersucht. Wird n-Butylhydroperoxyd bei 86° zersetzt, ergeben sich folgende Endprodukte in Mol pro Mol Hydroperoxyd: Wasserstoff 0,45, Propan 0,03, Kohlenmonoxyd 0,017, Kohlendioxyd 0,022, Buttersäure 0,50, Wasser 0,44, Buttersäurebutylester 0,15 und Butylalkohol 0,04. In sehr geringen Mengen konnten noch Ameisensäurebutylester, Propionsäurebutylester, Buttersäurepropylester, Propionsäure und Butyraldehyd nachgewiesen werden.

Das primäre Hydroperoxyd des Isobutans gibt 0,63 Mol Wasserstoff pro Mol zersetztes Hydroperoxyd. Während der Anteil der Zersetzung nach Gleichung 21 beim n-Butanhydroperoxyd nur 45–50% beträgt, erhöht er sich beim Isobutanhydroperoxyd auf 63%. Die thermische Zersetzung in Xylol führt zu keinem Absinken der gemessenen H_2-Menge.

Der frei werdende Wasserstoff stammt nicht aus der Hydroperoxydgruppe, sondern vom C-Atom. Ersetzt man das H-Atom der HOO-Gruppe durch Deuterium, entsteht bei der thermischen Zersetzung nur H_2 und kein D_2 oder HD. Folgender Reaktionsmechanismus wird angenommen:

$$R-CH_2-OOH \rightarrow R-CH=O + H_2O$$

$$R-CH_2-OOH + R-CH=O \rightarrow R-CH_2-OO-\underset{\displaystyle OH}{\underset{|}{CH}}-R$$

$$\swarrow \qquad \downarrow$$

$$H_2 + R-COOH + R-CH=O \qquad R-CH_2-O-\underset{\displaystyle O}{\underset{\|}{C}}-R + H_2O$$

2.6.5.3. Die Oxydation isomerer Alkane

Bei der Oxydation von n-Dekan wurde gefunden, daß von O_2 doppelt angegriffene Moleküle wie Diketone, Dihydroperoxyde u. a. in zu starkem Maße auftreten. Die Untersuchungen von WIBAUT und STRANG über die Oxydation verschiedener Dimethylpentane, -hexane und -heptane bestätigten diese Beobachtungen.

Das 2.3-Dimethylpentan bildet als Hauptprodukt 2.3-Dimethyl-2-hydroperoxypentan und 2.3-Dimethyl-3-hydroperoxypentan. Nach Hydrierung der sauerstoffhaltigen Produkte konnten noch 16% 4-Hydroxy-3.4-dimethyl-2-pentanon isoliert werden, dessen Entstehung nach den bisherigen Auffassungen unwahrscheinlich ist. Das 2.4-Dimethylpentan ergibt nach Abdestillieren des unumgesetzten Kohlenwasserstoffes eine Ausbeute von 89% Hydroperoxyd. Nach Hydrierung des Gemisches konnten folgende Verbindungen identifiziert werden. Das Hauptprodukt (95%) ist 2.4-Dimethyl-2.4-pentandiol, der Rest 2.4-Dimethyl-2-pentanol. Aus dem angereicherten Hydroperoxydgemisch kristallisierte nach längerem Stehen das 2.4-Dihydroperoxy-2.4-dimethylpentan aus. Das 2.5-Dimethylhexan führt zum kristallinen 2.5-Dihydroperoxy-2.5-dimethylhexan. Als reduzierte Verbindungen konnten 2.5-Dimethyl-2-hexanol, 2.5-Dimethyl-2.5-hexandiol und in geringer Menge 2.5-Dimethyl-3-keto-2.5-hexandiol charakterisiert werden. Die Oxydation von 2.6-Dimethylheptan führt nach Hydrierung u. a. zum 2.6-Dimethyl-2-heptanol und 2.6-Dimethyl-2.6-heptandiol. Besonders aufschlußreich war die Identifizierung folgender kristalliner Verbindung.

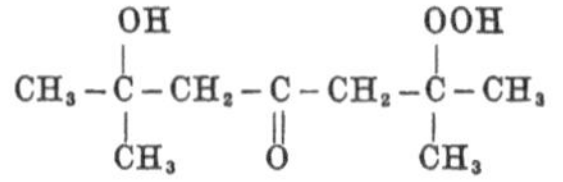

Soweit der experimentelle Befund. Die außergewöhnlich hohen Ausbeuten an Dihydroperoxyverbindungen sind mit unseren bisherigen Auffassungen der Oxydation von Kohlenwasserstoffen als intermolekularer Prozeß unvereinbar. Die intramolekulare Oxydation könnte die experimentellen Ergebnisse erklären.

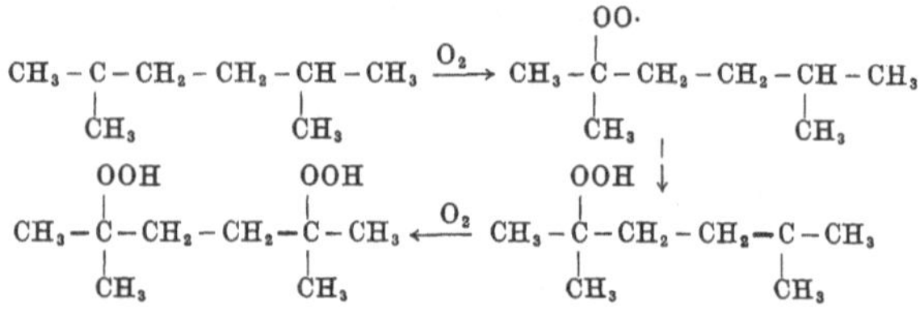

Während der Oxydation entsteht beim 2.5-Dimethylhexan ein Radikal an einem tertiären C-Atom. Mit Sauerstoff bildet sich das Peroxyradikal. Dieses entreißt der zweiten tertiären CH-Gruppe das H-Atom, schafft dadurch ein neues C-Radikal und bildet selbst ein Hydroperoxyd. Mit Sauerstoff entsteht wiederum ein Peroxyradikal, daß mit einem weiteren Kohlenwasserstoffmolekül die Radikalkette fortführt. Das Endergebnis ist ein Dihydroperoxyd. Diese intramolekulare Oxydation ist aber nur möglich, wenn in β- und γ-Stellung zum Peroxyradikal eine CH-Bindung besonders aktiviert ist. Sonst wird die intermolekulare Kettenführung bevorzugt.

Bei den verwendeten Kohlenwasserstoffen wurde systematisch der Abstand der beiden tertiären CH-Gruppen durch Einschub weniger sauerstoffaktiver CH_2-Gruppen vergrößert. Die Ergebnisse zeigen, daß besonders die β- und auch die γ-Stellung der zweiten tertiären CH-Gruppe zu hohen Dihydroperoxydausbeuten führen. Dies trifft in geringerem Maße auch für die δ-Stellung zu, während in α-Stellung kein Dihydroperoxyd entsteht.

Bei jeder Oxydation von Kohlenwasserstoffen ist die β-Stellung zum ursprünglichen Sauerstoffangriff besonders aktiviert. Obgleich beim 2.3-Dimethylpentan genügend tertiäre CH-Gruppen vorliegen, wird die β-Aktivierung wirksam. Die Isolierung des 4-Hydroxy-3.4-dimethyl-2-pentanons zeigt, daß die intramolekulare Oxydation an einer CH_2-Gruppe mit der intermolekularen Oxydation an einer CH-Gruppe konkurriert. Das gleiche trifft für die Bildung von 2.5-Dimethyl-3-keto-2.5-hexandiol aus 2.5-Dimethylhexan und von 2.6-Dimethyl-2-hydroperoxy-4-keto-6-hydroxyheptan aus 2.6-Dimethylheptan zu.

Die intramolekulare β-Oxydation wurde von Kern am isotaktischen Polypropylen beobachtet. Die Hydroperoxydbildung wird eingeleitet durch den Sauerstoffangriff an einer tertiären CH-Gruppe. Anschließend wandert die Oxydation entlang der isotaktischen Polymerkette in einer Art „Reißverschlußmechanismus". Dieser Mechanismus wird bei der Oxydation in verdünnter Lösung noch begünstigt.

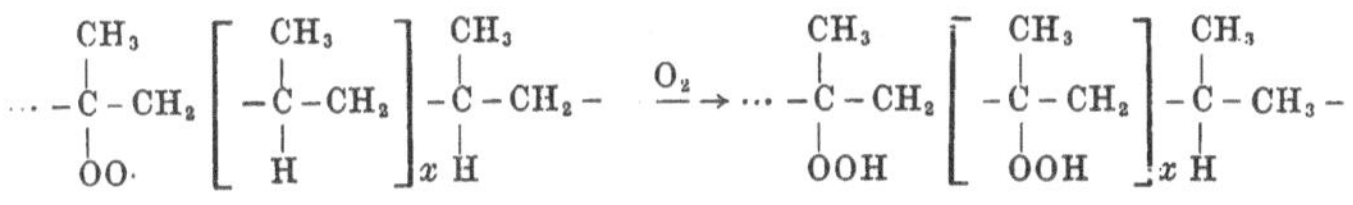

Der Einfluß der intramolekularen β-Oxydation bei der Sauerstoffbegasung der Paraffine ist unbekannt. Gewiß wird eine derartig ausgedehnte intramolekulare Reaktion bei n-Alkanen nicht wirksam. Die entstehenden β-Diketone würden sofort mit Sauerstoff weiterreagieren.

Fassen wir die Ergebnisse der Untersuchungen der technischen Paraffinoxydation zusammen. Sie besteht aus mehreren neben- und hintereinander verlaufenden Reaktionen.

1. Zuerst entstehen Hydroperoxyde. Der Angriff des Sauerstoffes erfolgt weitestgehend entsprechend einer statistischen Verteilung an allen CH_2-Gruppen.

2. Die Säuren bilden sich durch Sprengung von C—C-Bindungen über Alkoxyradikale, Ketonhydroperoxyde und durch saure Zersetzung besonders der Ketonhydroperoxyde und Alkanhydroperoxyde.

3. Neben der direkten Umsetzung der Alkane mit Sauerstoff werden die gebildeten Fettsäuren weiteroxydiert. Entsprechend den Erfahrungen der Alkane gilt auch für die Fettsäuren, daß die Oxydationsgeschwindigkeit mit steigender Kettenlänge zunimmt. Pro CH_2-Gruppe besteht kein konstantes Inkrement. Zwischen $C_{20}-C_{30}$ besteht der höchste Zuwachs pro hinzukommender CH_2-Gruppe. Nach kürzeren Kettenlängen fällt die Größe des Inkrements zunehmend ab, während nach längeren Kettenlängen der Wert nur langsam wächst. Die Fettsäureoxydation zu Ketosäuren, niederen Fett- und Dicarbonsäuren wird durch zwei Abbaureaktionen gelenkt. Die oxydative Decarboxylierung mit anschließendem Abbau von Ameisensäuremolekülen und die bevorzugte β-Oxydation bestimmen weitestgehend die Zusammensetzung der Endprodukte.

2.6.6. Die Variationen der Endprodukte

Die Alkan- und Fettsäureoxydationen sind verschieden temperaturabhängig. Die Oxydationsgeschwindigkeit der Fettsäuren steigt mit der Temperatur stärker an als die der Alkane. Die beschriebenen Gesetzmäßigkeiten der technischen Paraffinoxydation gelten im Temperaturbereich von 90—130°. Über 130° wird die Reaktion noch komplexer und mannigfaltiger. Infolge der rascheren

Fettsäureoxydation erhöht sich besonders der Anteil der Dicarbonsäuren.

Die Sauerstoffbegasung von Paraffinen und anderen Kohlenwasserstoffen wird durch kurzzeitigen Zusatz gasförmiger Beimengungen gefördert. Besonders angewandt werden NO_2, HBr, Cl_2 und O_3. Der Zusatz dient der rascheren Erzeugung genügender Startradikale um möglichst schnell eine hohe Oxydationsgeschwindigkeit zu erreichen. Durch Initiierung mit obigen gasförmigen Produkten erhält man gleiche Ergebnisse wie mit Kaliumpermanganat oder Manganschlamm. Die Säurezusammensetzung ändert sich gegenüber der der katalytischen Oxydation mit Manganverbindungen nicht. Die Einwirkungszeit der gasförmigen Katalysatoren sollte eine gewisse Zeit nicht überschreiten. Das ständige Einwirken während der Oxydation erhöht die Nebenreaktionen.

Verwendet man an Stelle des Mangansalzes ein Gemisch von K- und Mn-Naphthenat im Verhältnis 5:7, so nimmt mit zunehmender Reaktionsgeschwindigkeit der Anteil der Alkohole zu. Schon nach 6–7 Stunden beträgt er ca. 50%.

2.7. *Die Ketonoxydation*

Die Umsetzungen der Ketone mit Sauerstoff spielten schon bei der Paraffinoxydation eine entscheidende Rolle. Die Ketone waren wichtige Zwischenglieder der Gesamtoxydation. Der Sauerstoff greift an einer zur Ketogruppe benachbarten C–H-Bindung an und bildet Hydroperoxyde. Die Ketonhydroperoxyde sind sehr instabil. Aus Di-n-propylketon entstehen Propion- und Buttersäure, während Aceton und Isobuttersäure die Zersetzungsprodukte von Diisopropylketonhydroperoxyd sind.

Die Ketonhydroperoxyde am tertiären C-Atom sind stabiler als die am sekundären. Die Cyclohexanonoxydation zu Adipinsäure wird technisch durchgeführt und durch Schwermetallsalze katalysiert. Den Reaktionsmechanismus hat PRITZKOW ausführlich untersucht. Die Stellung des Hydroperoxydes zur Ketogruppe wird nicht nur durch die Spaltung bewiesen, sondern auch durch Reduktion zum Ketal. Die thermische und saure Zersetzung von Cyclohexanonhydroperoxyd führt zur Adipinaldehydsäure. Daneben entstehen geringe Mengen von Diketon. Bei der Cyclohexanoxydation konnten Cyclohexandion-1.2 und Cyclohexanon-2-ol-1 isoliert werden. Das Ketal entsteht aus dem Oxyradikal durch Aufnahme eines Wasserstoffatoms. Jede Ketonoxydation bei niedrigen Temperaturen wird von einer BAYER-VILLIGER-Reaktion begleitet. Bei jeder Ketonoxydation entstehen Aldehyde, die zu Persäuren weiteroxydiert werden. Die Isolierung von ε-Caprolacton bei der Oxydation von Cyclohexanon beruht auf der Umsetzung des Ketons mit der Persäure. Neben Adipinsäure entstehen niedere Dicarbonsäuren, besonders Glutarsäure, und in geringer Menge konnte n-Valeriansäure nachgewiesen werden. Zwei Reak-

$$HOOC-(CH_2)_4-\underset{\underset{O}{\|}}{C}-OOH \rightarrow HOOC-(CH_2)_4-\underset{\underset{O}{\|}}{C}-O\cdot + \cdot OH$$

$$HOOC-(CH_2)_4-COOH + R\cdot \rightarrow RH + HOOC-(CH_2)_4-COO\cdot$$

$$HOOC-(CH_2)_4-COO\cdot \rightarrow HOOC-(CH_2)_3-CH_2\cdot$$

tionsmöglichkeiten zeichnen verantwortlich. Aus Adipinsäure und Adipinmonopersäure können im Medium der Flüssigphasenoxydation primäre Kohlenstoffradikale auftreten, die mit Sauerstoff über Hydroperoxyd, Aldehyd und Persäure Glutarsäure bilden. Durch Aufnahme eines Wasserstoffatoms entsteht n-Valeriansäure.

Untersucht man bei verschiedenen Di-n-alkylketonen die Oxydationsgeschwindigkeit und Aktivierung der zur Ketogruppe benachbarten C—H-Bindungen, ergibt sich ein interessantes Resultat. Die Beobachtungen wurden am Pentadecanon-4, Pentadecanon-6 und Pentadecanon-8 durchgeführt. Je mehr die Ketogruppe sich der symmetrischen Stellung nähert, desto geringer wird der Einfluß der Alkankette. Die Aktivierung der C—H-Bindungen hängt wesentlich von der Kohlenwasserstoffkette ab. Je unsymmetrischer die Stellung der Ketogruppe, desto bevorzugter wird die CH_2-Gruppe der kürzeren Kette vom Sauerstoff angegriffen.

Gleichzeitig unterscheiden sich die Ketone in ihrer Reaktionsfähigkeit. Bei unsymmetrischen Ketonen erhöht sie sich. Eine verständliche Ausnahme finden wir bei den Methylalkylketonen. Die benachbarte CH_3-Gruppe wird schwächer als die CH_2-Gruppe aktiviert. Die Reaktionsfähigkeit liegt unter der anderer Dialkylketone.

Die Umsetzung mit Persäuren erfolgt bei den unsymmetrischen Ketonen ebenfalls gerichtet. Während Methylalkylketone prinzipiell nur Esisgsäureester bilden, werden offensichtlich alle anderen unsymmetrischen Ketone bevorzugt an der kürzeren Alkankette angegriffen. Der Einfluß der Kohlenwasserstoffkette auf die Aktivierung von C—H-Bindungen müßte bei geradkettigen Olefinen ebenfalls wirksam werden. Die Oxydation aliphatischer Verbindungen ist nicht nur von der Stellung der aktivierenden Gruppen in der Kette abhängig, sondern steht sekundär auch unter dem Einfluß der Kettenlänge zu beiden Seiten der aktivierenden Gruppe.

2.7.1. Die Oxydation der Enole

E. P. KOHLER fand 1906 bei der Sauerstoffbegasung beständiger Enole der Diphenylpropiophenonreihe kristalline Peroxyde. Er gab ihnen die Struktur cyclisch gebauter

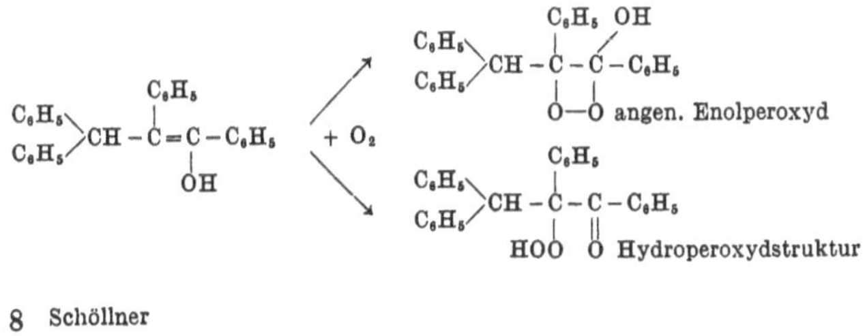

„Enolperoxyde". Erst vierzig Jahre später wurde durch spektroskopische Untersuchungen die Carbonylbande nachgewiesen. Die KOHLERschen „Enolperoxyde" erwiesen sich als α-Ketonhydroperoxyde.

Die Oxydation der beständigen aktivierten Enole verläuft sehr schnell und fast quantitativ. Die Begasung mit Sauerstoff von Aldehyden, Ketonen und Estern kann man beschleunigen, wenn die Enolbildung erzwungen wird. Dies ist durch tertiäre Butyloxy-Ionen möglich. Das Ion entreißt der Verbindung in α-Stellung zur Keto- oder Estergruppe ein Proton. Das entstehende Carbenium-anion lagert Sauerstoff an (siehe ionische Oxydation). Genau so gut kann aus dem Carbenium- ein Enolanion sich bilden und Sauerstoff absorbieren. Das Peroxydanion zerfällt unter Sprengung der C—C-Bindung.

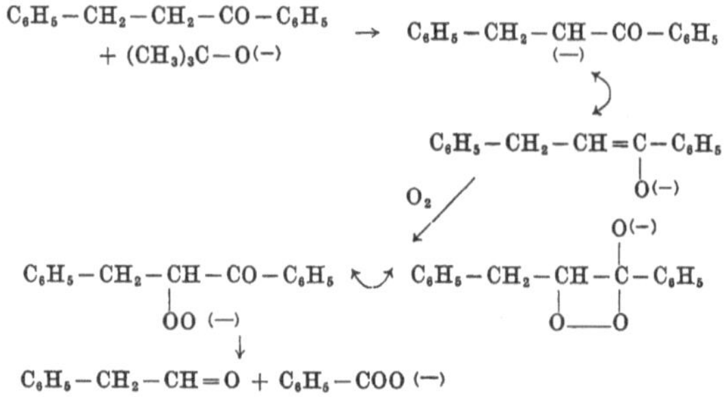

Der aus dem Benzylacetophenon gebildete Phenylacetaldehyd oxydiert nach gleichem Mechanismus weiter. Als Endprodukte entstehen Benzoesäure und Diphenylbenzylglykolsäure durch Benzilsäureumlagerung aus dem Diketon. Auch α,β-ungesättigte Ketone lassen sich derart oxydieren.

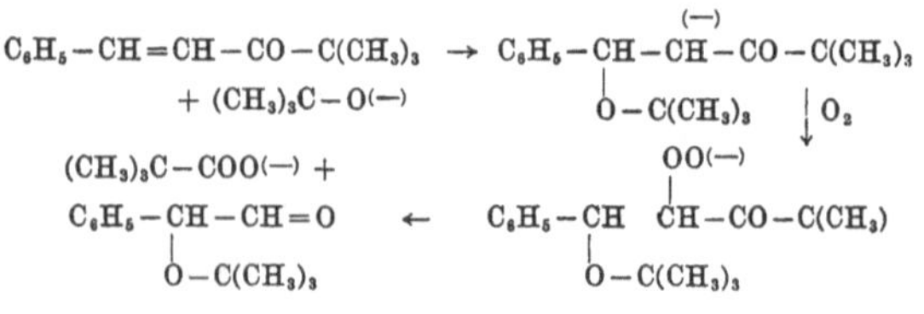

Befindet sich in Nachbarstellung zur Doppelbindung kein H-Atom, lagert sich das tert. Butyloxydanion an die Doppelbindung an. Das entstehende Carbeniumanion addiert Sauerstoff und sprengt die zur Ketogruppe benachbarte C—C-Bindung.

2.7.2. *Die saure Zersetzung der α-Ketonhydroperoxyde*

Die sogen. „KOHLERschen Peroxyde“ sind verhältnismäßig stabile Verbindungen und eignen sich gut für Untersuchungen. PRITZKOW bestimmte die thermische Zersetzung in benzolischer Lösung und erhielt aus 2.4.6-Trimethyl-β,β-diphenyl-propiophenon-α-hydroperoxyd Mesitylencarbonsäure und Diphenylacetaldehyd.

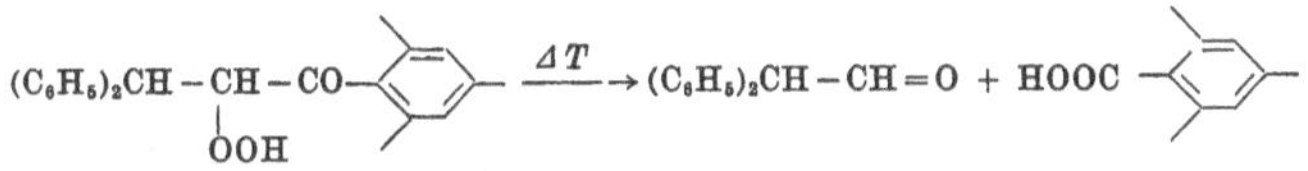

Er stellte fest, daß die Säurekonzentration um den Wert steigt, den die Peroxydkonzentration fällt. Die Zersetzungsreaktion trug autokatalytischen Charakter. Die anfangs beobachtete Induktionsperiode verschwand sofort nach Säurezugabe. Die thermische Zersetzung der Ketonhydroperoxyde führt zu Carbonsäuren, die die weitere Zersetzung katalysieren. Die Zersetzungsgeschwindigkeit ist direkt proportional der Wurzel aus der Säurekonzentration, d. h. der Konzentration der Wasserstoffionen.

Für die saure Zersetzung wird folgender Mechanismus angenommen:

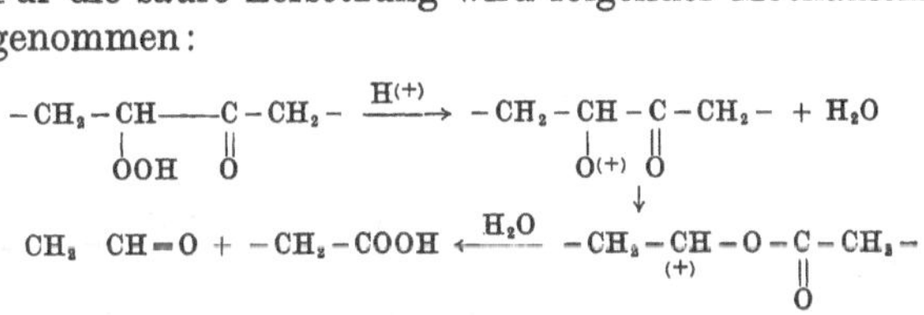

Der entscheidende Schritt, die Wanderung des Acylrestes vom Kohlenstoff an das Sauerstoffkation, war lange Zeit nicht bewiesen. Eigene Untersuchungen bestätigten die CRIEGEEsche Umlagerung. Diese gelang nur an tertiären Kohlerschen Peroxyden. Das α-Phenyl-β,β-diphenylpropiophenon-α-hydroperoxyd konnte in das Benzoat übergeführt und durch Isolierung von 1.1-Diphenyl-2-phenyl-2.2-dibenzoyloxyäthan die Umlagerung bewiesen werden.

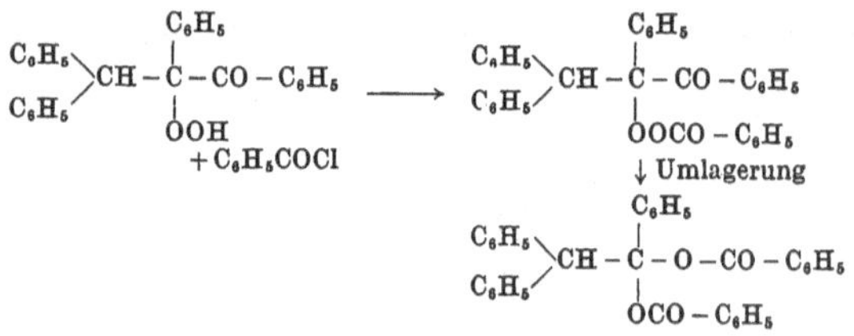

Eigenartig verhält sich das Ketonhydroperoxyd des Tetraphenylacetons. In starken Basen spaltet es sich in Diphenylessigsäure und Benzophenon, während sich in Säuren und in schwachen Basen unter Wasserabspaltung das 2.2.4.4-Tetraphenyloxetanon bildet.

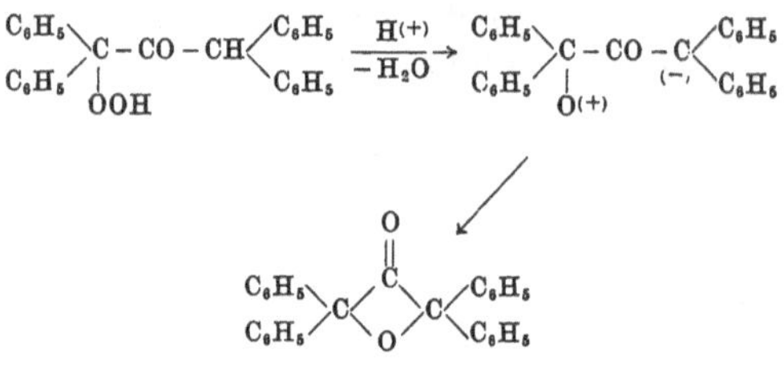

2.7.3. *Die Oxydation α,β-ungesättigter Ketone*

α,β-ungesättigte Ketone sind mit konjugierten Dienen vergleichbar, nur sind beide Doppelbindungen nicht gleichwertig. Die Reaktionen mit Sauerstoff verlaufen zum Teil wie bei einem konjugierten Dien. Während bei diesen die 1.2- und 1.4-Addition des Sauerstoffes erfolgt, steht bei den ungesättigten Ketonen nur die olefinische Doppelbindung für Anlagerungsreaktionen zur Verfügung.

Konjugierte Diene bilden nur in Ausnahmen Hydroperoxyde. Bei den α,β-ungesättigten Ketonen bilden sich Hydroperoxyde in α-Stellung zur Doppelbindung. Im Gegensatz zu den Dienen bilden sich stets Epoxyde. Ebenso wie bei den konjugierten Dienen führt die 1.2-Anlagerung des Sauerstoffes zum Teil zur Sprengung der C—C-Bindung.

Bei der Sauerstoffbegasung von Mesityloxyd bildete sich als Hauptprodukt das Epoxyd, welches durch ebenfalls entstandenes Wasser teilweise in das Dihydroxyprodukt hydrolysierte. Durch Angriff des Sauerstoffes benachbart zur Doppelbindung entstand β-Acetyl-α-methylacrylsäure. Formaldehyd, Acetaldehyd, Aceton, Essigsäure und CO_2 sind Spaltprodukte.

Bei der Oxydation α,β-ungesättigter Ketone lassen sich folgende drei Hauptreaktionen unterscheiden: Hydroperoxydbildung, 1.2-Addition des Sauerstoffes und Epoxy-

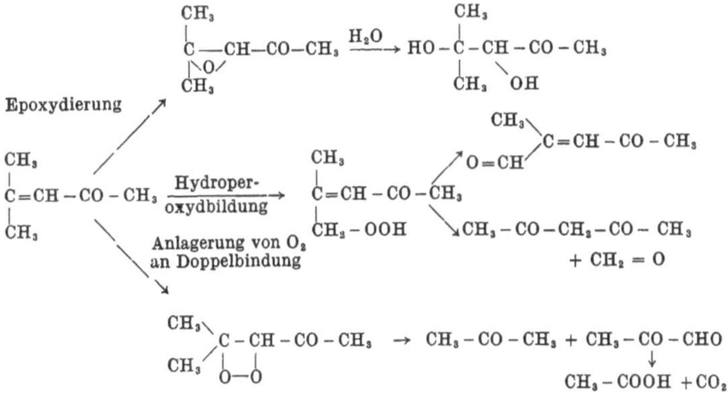

dierung der Doppelbindung. Das von Hawkins angenommene Schema zeigt den Reaktionsverlauf. Oxydiert man Mesityloxyd in Essigsäure, so entsteht β-Acetyl-α-methylacrylsäure. Die Oxydation in alkoholischer Lösung verläuft ähnlich.

Die drei Hauptreaktionen führen beim Isophoron zum Epoxyd, primären Hydroperoxyd I und Aldehydketon II. Das Epoxyd lagert sich in das Keton um. Im alkalischen Medium addiert es

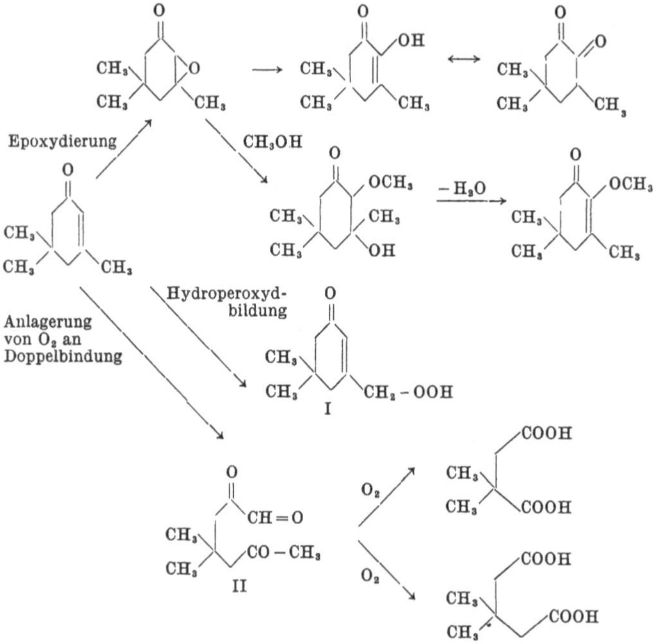

unter der katalytischen Wirkung der Base Methanol. Der entstehende tert. Alkohol spaltet meist Wasser ab. Das primäre Hydroperoxyd I zersetzt sich und wird weiteroxydiert. Durch 1.2-Anlagerung von Sauerstoff an die Doppelbindung entsteht das autoxydable Keton II welches zu Dicarbonsäuren weiteroxydiert wird.

Das alkalische Medium begünstigt die Epoxydbildung bei der Oxydation α,β-ungesättigter Ketone. Hier lag der Gedanke nahe, daß Wasserstoffperoxyd als Zwischenprodukt entsteht und für die Epoxydierung verantwortlich ist. Nach W. Treibs erfolgt zuerst Anlagerung von O_2 an das ungesättigte Keton. In Gegenwart von Wasser spaltet sich H_2O_2 ab und reagiert mit unverändertem Keton zum Epoxyd. Diese Auffassung stützte W. Treibs durch die Darstellung des Ammoniaksalzes des „Superoxyds" von Dimethylcyclohexenon mit folgender cyclischer Peroxydstruktur.

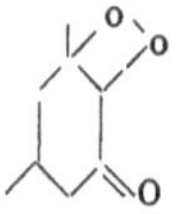

Faßt man das bisherige Material zusammen, ergibt sich, daß die Epoxyde nicht über Hydroperoxyde entstehen, sondern bei der Sauerstoffanlagerung an die Doppelbindung.

2.8. Die Oxydation der Aldehyde

Bei allen bisher betrachteten radikalischen Oxydationsreaktionen mit Sauerstoff erfolgte der Angriff an einer C—H-Bindung benachbart zur aktivierenden Gruppe. Die Aldehyde besitzen wie die Ketone eine Carbonylgruppe. Im Unterschied zu den Ketonen lassen sie sich ohne Sprengung einer C—C-Bindung zu Säuren oxydieren. Die Carbonylgruppe aktiviert nicht die benachbarte C—H-Bindung der CH_2-Gruppe, sondern die der Aldehydgruppe selbst. Der Kettenstart erfolgt durch Sprengung dieser C—H-Bindung. Das Carbonylradikal leitet die

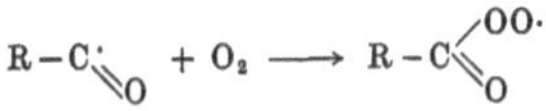

Reaktionskette ein. Das entstehende Peroxyradikal entreißt einem Aldehydmolekül Wasserstoff und stabilisiert sich zur Persäure.

Schon Bayer und Villiger haben zur Jahrhundertwende ausgesprochen, daß die Autoxydation des Benzaldehyds über die Benzoepersäure verläuft. Der experimentelle Nachweis gelingt leicht, da sich äquimolare Mengen Benzoepersäure und Benzaldehyd quantitativ zu Benzoesäure umsetzen. Die Reaktion wird durch die gebildete Benzoesäure autokatalytisch beschleunigt. Die Protonen begünstigen die Acetalbildung zwischen Aldehyd und Benzoepersäure. Dieser Prozeß geht der eigentlichen Benzoesäurebildung voraus und macht die entstehende Benzoepersäure unwirksam. Das Benzaldehydmonoperbenzoat zerfällt in einer geschwindigkeitsbestimmenden monomolekularen Reaktion in zwei Moleküle Benzoesäure.

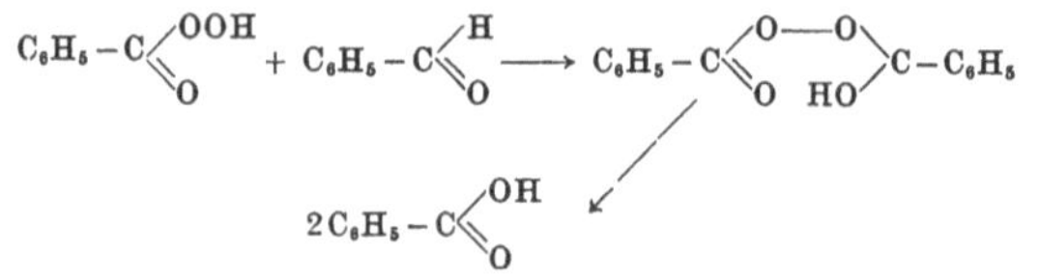

Die eigentliche Reaktionskette blieb lange Zeit umstritten. Ausgehend von den Vorstellungen, daß der Sauerstoff sich an Doppelbindungen zu aktiven Moloxyden anlagert, nahm man bei den Aldehyden die Addition von Sauerstoff an die Carbonyldoppelbindung an. Die höhere Oxydationswirkung des „absorbierten“ Sauerstoffes stützte diese Auffassung.

2.8.1. Die Cooxydation mit Aldehyden

Der Sauerstoff wird scheinbar in Gegenwart von Aldehyden aktiviert. Er ist in der Lage, Olefine an der Doppelbindung zu oxydieren. Der Aldehyd spielte also die Rolle des Sauerstoffaktivators und das Olefin wirkte als Sauerstoffacceptor. In Wirklichkeit wirkt das Peroxyradikal, dies war aber lange Zeit unbekannt. Es handelt sich um eine Cooxydation von Aldehyd und Olefin.

Liegt im Gemisch Tetralin oder ein anderer partiell hydrierter Aromat vor, bleiben die Kohlenwasserstoffe in Gegenwart von Benzaldehyd völlig unverändert, obwohl ohne Aldehydzugabe diese Verbindungen verhältnismäßig autoxydabel sind. Die Anwesenheit der Kohlenwasserstoffe verzögerte sogar noch die Autoxydation des Benzaldehyds. Je stärker autoxydabel der partiell hydrierte Aromat, desto stärker ist seine hemmende Wirkung. Das Dekalin besitzt keinen aromatischen Kern und keine aktivierte C—H-Bindung. Es übt eine geringe verzögernde Wirkung aus. Eine autoxydable Verbindung wirkt hier in Gegenwart einer anderen ebenfalls autoxydablen Verbindung als Inhibitor.

Die Cycloolefine verhielten sich in Gegenwart von Benzaldehyd entgegengesetzt. Die Autoxydationsgeschwindigkeit der Mischung war geringer als die von reinem Benzaldehyd. Das Olefin wurde oxydiert und der Aldehyd diente lediglich als Aktivator. Im Wettkampf um den Sauerstoff siegte das Olefin. Erst nachdem die Hauptmenge des Olefins umgesetzt war, begann zunehmend die Oxydation des Aldehydes. Der Aldehyd wirkt gegenüber dem Olefin praktisch als Antioxydant. Die Cooxydation von Cyclohexen und Benzaldehyd muß durch Temperaturerhöhung in Gang gebracht werden, während die von Anethol und Benzaldehyd schon bei Zimmertemperatur genügend schnell verlief. Die Oxydation von Anethol allein erreicht gleiche Werte erst bei über 100°.

Statt der üblichen bekannten Oxydationsprodukte des Cyclohexens wie Cyclohexenol, Cyclohexenon oder Adipindialdehyd und Adipinsäure isolierte W. Treibs den Monobenzoesäureester des Cyclohexandiols-1.2, wobei interessanterweise die Reaktion ausschließlich als cis-Anlagerung erfolgte. W. Treibs kam zu

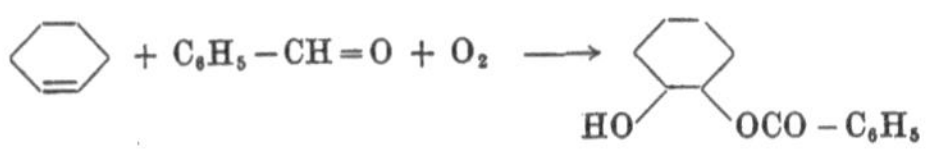

dem Schluß, daß der durch den Benzaldehyd „aktivierte" molekulare Sauerstoff mit dem Cyclohexen reagiert und das gebildete Primärprodukt unter Anlagerung des Aldehyds den Glykolmonoester bildet.

Die weiteren Untersuchungen der Autoxydation von Aldehyden gingen von der Beobachtung aus, daß ungesättigte Kohlenwasserstoffe und andere Verbindungen wie Hydrochinon im Autoxydationsmedium oxydiert wurden, obwohl elementarer Sauerstoff dazu nicht befähigt ist. Die gleichen ungesättigten Kohlenwasserstoffe werden in Ketonen vom eingeleiteten Sauerstoff nicht angegriffen. Die Aktivierung des Sauerstoffes an der Carbonylgruppe findet also nicht statt.

2.8.2. Reaktionsmechanismus

Haber und Willstätter formulierten auf Grund des gesammelten widerspruchsvollen experimentellen Materials ein unseren heutigen Auffassungen nahe kommendes Reaktionsschema. Das Peroxyradikal fungiert als

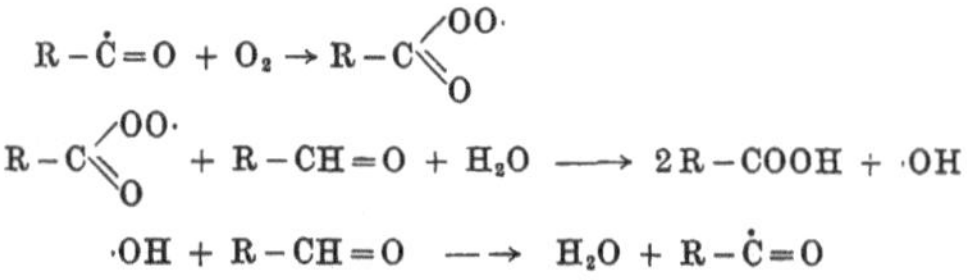

Sauerstoffüberträger.

Die Autoxydation verläuft auch ohne anwesendes Wasser. Entsprechend dem Stand unserer heutigen Kenntnis werden die Aldehyde wie folgt oxydiert.

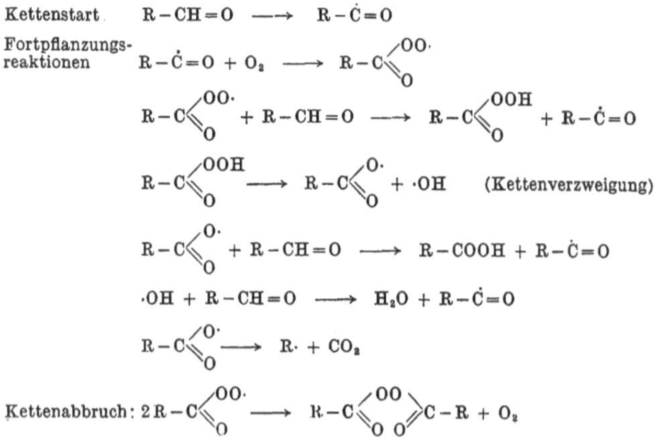

Der Zerfall der gebildeten Persäure wird durch Umsetzung mit Aldehyd verringert.

Ein weiterer Beweis für das Auftreten der Perbenzoesäure bei der Oxydation des Benzaldehydes ist die Bildung des Acetylbenzoylperoxydes bei der Oxydation

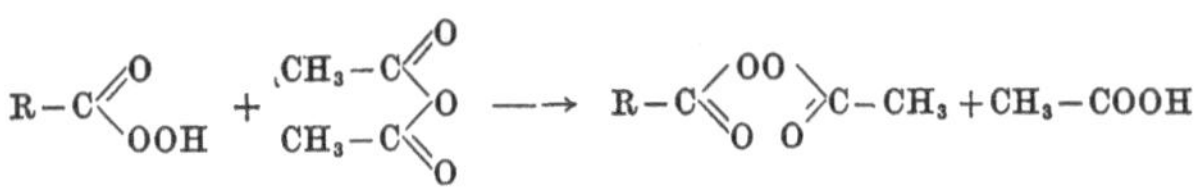

in Acetanhydrid. Die entstehende Persäure wird durch das Acetanhydrid in das gemischte Peroxyd übergeführt. Diese Reaktion gilt für alle Aldehyde.

Die Oxydation der Aldehyde besitzt alle im Schema formulierten Merkmale einer radikalischen Kettenreaktion, denn sie wird durch Katalysatoren und Inhibitoren beeinflußt. BECKSTRÖM fand, daß bei Bestrahlung mit UV-Licht pro eingestrahltes und absorbiertes Energiequant ca. 10000 Moleküle Aldehyd autoxydiert werden.

Von besonderem technischem Interesse ist die Oxydation des Acetaldehydes. Je nach Reaktionsbedingungen kann als Hauptprodukt Essigsäure, Peressigsäure oder Essigsäureanhydrid erhalten werden. Jedes dieser drei Endprodukte ist für viele chemische Umsetzungen notwendiges Ausgangsprodukt. Die rentable großtechnische Herstellung beeinflußt ganze Zweige der chemischen Industrie.

2.8.3. Darstellung von Essigsäureanhydrid

Das Zwischenprodukt der Essigsäurebildung ist bekanntlich das Acetaldehydmonoperacetat mit einer Zersetzungstemperatur von 20–22°. Die Oxydation zu Essigsäure wird unter geringem Druck bei 50–60° durchgeführt. Als Katalysator kommt meist Manganacetat zur Anwendung.

Die Auswahl der Katalysatoren ist für den Verlauf der Oxydation entscheidend. Zur Darstellung von Acetanhydrid verwendet man ein Gemisch von Kobalt- und Kupferacetat. Im Gegensatz zu den üblichen katalytisch beeinflußten Oxydationsprozessen muß die Katalysatormenge beträchtlich erhöht werden. Das Kobaltacetat zersetzt die gebildete Persäure und wird als $Co^{(+)(+)}$ und $Co^{3(+)}$-Ion wirksam, während das Kupferacetat maßgeblich an der Erhöhung der Anhydridausbeute beteiligt ist.

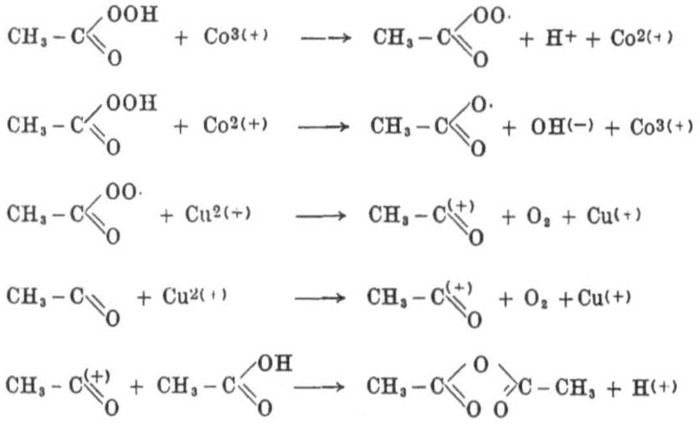

Der Katalysator hat nicht nur die Aufgabe, die Oxydationsreaktion durch radikalischen Zerfall der gebildeten Persäure zu beschleunigen, sondern muß die Persäuremoleküle zerstören und in die notwendigen Ausgangsprodukte Essigsäure und besonders Acetylkation überführen. Deshalb die hohe Katalysatorkonzentration. Das Kupferacetat wirkt in der zweiwertigen Form und die gebildeten einwertigen Kupfersalze werden durch Sauerstoff zu $Cu^{(+)(+)}$-Salzen oxydiert. Infolge der geringen Persäurekonzentration und der hohen Katalysatormenge führt das dreiwertige Kobaltion durch Umsetzung mit Aldehydmolekülen zu weiterer Radikalbildung.

$$CH_3-CH=O + CO^{3(+)} \rightarrow CH_3-\dot{C}=O + Co^{2(+)} + H^{(+)}$$

2.8.4. *Darstellung von Peressigsäure*

In der normalen Flüssigkeitsoxydation von Acetaldehyd entsteht Peressigsäure. Diese Bildung wurde erstmalig 1912 während einer Oxydation bei tiefen Temperaturen von -10 bis $-20°$ beobachtet. Gleichzeitig konnte nachgewiesen werden, daß die Peressigsäurebildung durch UV-Bestrahlung oder Zusatz geringer Mengen Katalysatoren wie Co-Verbindungen beschleunigt wird. Dabei schied sich ein kristallines Peroxyd, das Acetaldehydmonoperacetat, aus. Die Kristalle enthalten ein weiteres Molekül Aldehyd und schmelzen bei $20-22°$ unter Zersetzung und Essigsäurebildung. Bei genügender Anreicherung von gebundener Peressigsäure kann die Zersetzung explosionsartig erfolgen.

Nachdem die Peressigsäure in großen Mengen für Epoxydierungen gebraucht wurde, erhielt die Darstellung durch Oxydation von Acetaldehyd großes Interesse. Die Peressigsäure kann aus dem Aldehyd ebenfalls durch Umsetzung mit Wasserstoffperoxyd erhalten werden. Anfänglich wurden die Acetaldehydmonoperacetat-Lösungen unmittelbar zur Epoxydierung benutzt, weil die Reingewinnung von Persäuren auf große Schwierigkeiten stieß. In einem inerten Lösungsmittel wie Aceton oder Essigester wurde Acetaldehyd bei tiefen Temperaturen mit Ozon als Promotor zu Persäure oxydiert und im Lösungsmittel reicherte sich das Monoperacetat an. Diese Lösung gab man dem höher siedenden Olefin zu. Bei Temperaturen über dem Zersetzungspunkt des Monoperacetats erfolgte die Epoxydierung, während der frei werdende Acetaldehyd infolge des niedrigen Siedepunktes entfernt werden konnte. Später ging man dazu über, die Monoperacetatlösung im Vakuum bei erhöhter Temperatur kontinuierlich zu zersetzen und Lösungsmittel und Peressigsäure in einem Dephlegmator getrennt vom Acetaldehyd aufzufangen.

Gegenwärtig wird Persäure im Einstufenverfahren bei höherer Temperatur aus Acetaldehyd hergestellt. Es entfällt die Isolierung des Monoperacetats. Die Oxydation wird bei $30-40°$ in Gegenwart geringer Mengen Kupfer-

oder Cobalthalogenide und Eisensalze durchgeführt. Die Katalysatormenge schwankt zwischen 0,001 und 0,01%, dadurch werden nur geringe Mengen Peressigsäure zerstört, die Reaktionsgeschwindigkeit wird nicht zu hoch, die Oxydation bliebt kontrollierbar. Die Ausbeute beträgt bis zu 75% des umgesetzten Acetaldehyds.

Neben dieser Flüssigphasenoxydation wird Peressigsäure in steigendem Maße durch die Gasphasenoxydation gewonnen. Bei der Flüssigphasenoxydation wurde der Acetaldehyd unter Druck in einem Lösungsmittel gelöst und oxydiert. Der Abstand der Einzelmoleküle ist bei der Gasphasenoxydation ebenfalls groß und die bimolekularen Reaktionen sind erschwert. Die Umsetzung erfolgt bei 200° in einem Kreislaufverfahren. Der Acetaldehyd liegt im Überschuß vor. Im Gegensatz zur Flüssigphasenoxydation wird der Sauerstoff dosiert zugegeben, um die entstehende Reaktionswärme abzuführen und die Reaktion in bestimmten Temperaturgrenzen halten zu können.

Das Acetaldehydgas wird mit 30% der theoretisch berechneten Menge Sauerstoff auf ca. 100° vorgewärmt und zur Reaktion gebracht, die mit großer Geschwindigkeit unter Temperaturerhöhung abläuft. Die Umsetzungsprodukte werden in eine Destillationskolonne gedrückt, gleichzeitig wird ein Lösungsmittel der Kolonne zugeführt. Am Kopf der Kolonne entweicht ein Gemisch von Acetaldehyd und Lösungsmittel, während im Sumpf Lösungsmittel, Peressigsäure und etwas Essigsäure vorliegt. Das der Kolonne zugeführte Lösungsmittel ist zur Vermeidung von Explosionen notwendig, es verdünnt die sich verflüssigende Persäure und hält die Temperatur in der Kolonne auf einem bestimmten Wert, der abhängig ist vom Siedepunkt des Lösungsmittels. Die Anreicherung der Persäure kann bis zu 25% erfolgen.

2.9. Die Oxydation der Äther

Die Äther neigen sehr stark zur Autoxydation. Der Angriff des Sauerstoffs erfolgt primär stets an einer der Ätherbrücke benachbarten C—H-Bindung unter Hydroperoxydbildung. Vor den grundlegenden Untersuchungen

RIECHES wurde die Existenz von Anlagerungsprodukten des Sauerstoffes an Äther, die labilen „Oxoxyde“ angenommen. Diese labilen Verbindungen konnten nach den

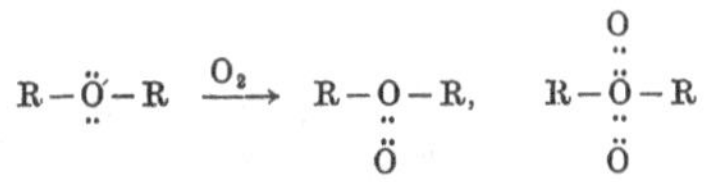

damaligen Vorstellungen den Sauerstoff leicht an ein fremdes oder das eigene Molekül unter Peroxydbildung abgeben. In den 30er Jahren kam RIECHE auf Grund seiner Erfahrungen bei der Oxydation von Äthern zu folgenden Schlußfolgerungen: „Es findet ein Zwischenschieben der Sauerstoffmoleküle zwischen Kohlenstoff und Sauerstoff statt. Die sonst so feste Ätherbindung geht dadurch in die leicht spaltbare und hydrolysierbare Halbacetalbindung über“.

2.9.1. *Alkylidenperoxyde*

Das nach einem Radikalmechanismus gebildete Ätherhydroperoxyd wandelt sich beim Erhitzen in hochexplosive polymere Alkylidenperoxyde um. Früher nahm

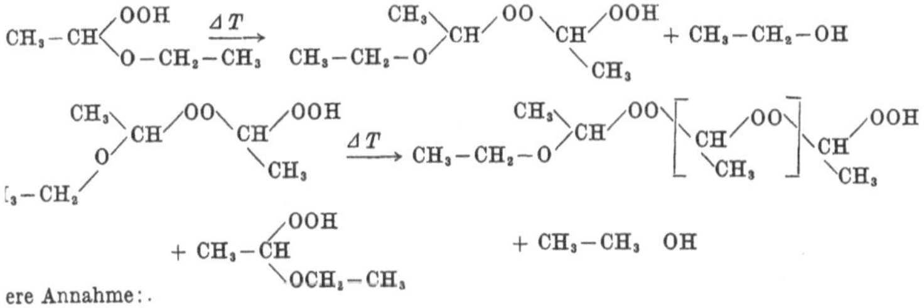

ere Annahme:.

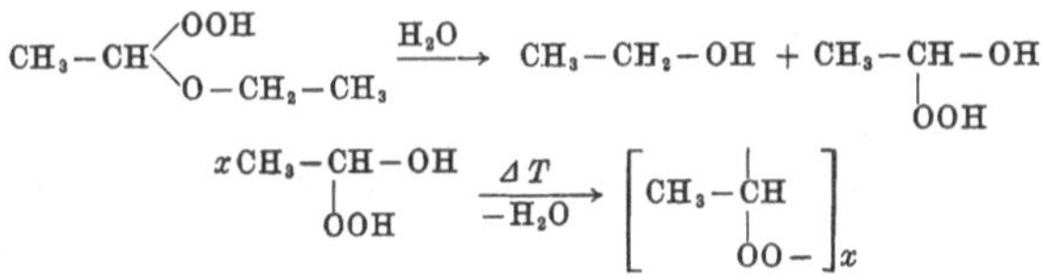

man als Zwischenprodukte der thermischen Zersetzung von Ätherhydroperoxyden die Hydroxyhydroperoxyde an, die unter Wasserabspaltung Alkylidenperoxyde bilden.

Der Diisopropyläther bildet dimeres und trimeres Acetonperoxyd. Zur Erklärung nahm RIECHE die bevorzugte Bildung von Dihydroperoxyden an.

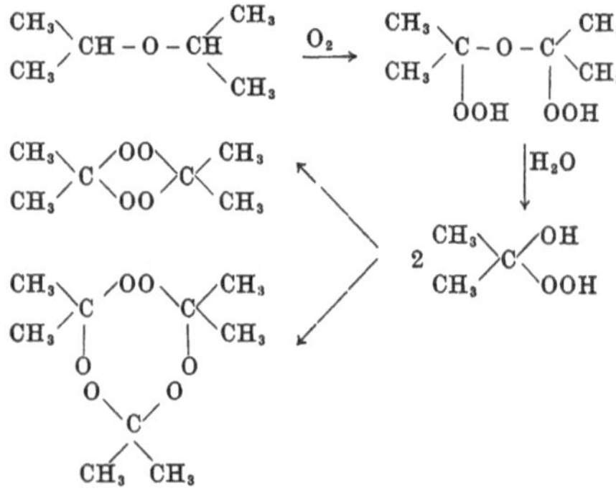

Die experimentell nicht nachgewiesenen Ätherdihydroperoxyde könnten sich durch eine intramolekulare β-Oxydation bilden, wie sie an Kohlenwasserstoffen nachgewiesen werden konnte.

Die saure Zersetzung der aliphatischen Ätherhydroperoxyde führt ebenfalls zu Alkylidenperoxyden. Eine Sprengung der benachbarten C—C-Bindung konnte nicht nachgewiesen werden. Durch Abspaltung von Alkohol entsteht ein Carbeniumkation, dieses reagiert mit weiterem Ätherhydroperoxyd zu einem dimeren Carbeniumkation. Durch weitere Umsetzung bilden sich Alkylidenperoxyde.

$$R-CH_2-\underset{\displaystyle OOH}{CH}-O-R' \xrightarrow{H^{(+)}} R-CH_2-\overset{(+)}{C}H-OOH + R'OH \curvearrowright R-CH_2-CH=\overset{(+)}{O}-OH$$

$$R'-CH_2-\overset{(+)}{C}H-OOH + R-CH_2-\underset{\displaystyle OOH}{CH}-OR' \rightarrow R-CH_2-\underset{\displaystyle OOH}{CH}-OO-\underset{(+)}{CH}-CH_2-R + R'-OH$$

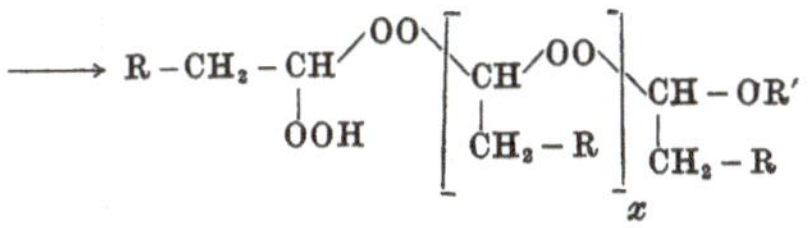

2.9.2. Die ionische Dimerisierung

Rieche und Mitarbeiter beobachteten an cyclischen Äthern einen anderen Verlauf der sauren Zersetzung. Unter Abspaltung von Wasserstoffperoxyd wird die C—O-Bindung gesprengt. Das entstehende Carbeniumkation ist infolge Mesomeriebildung stabilisiert. Es setzt

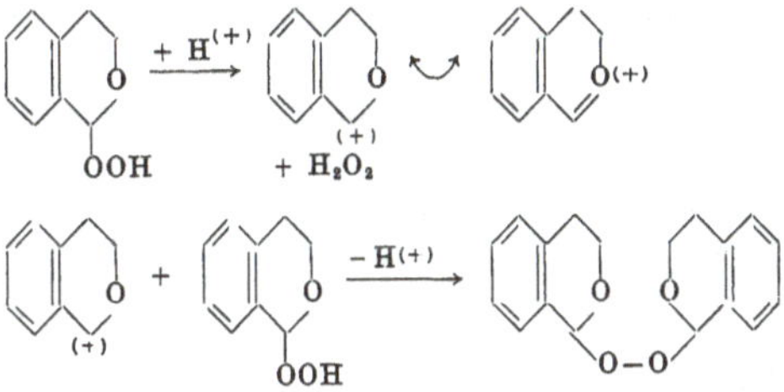

sich mit weiterem Hydroperoxyd unter Abspaltung von Wasserstoffperoxyd zum dimeren Peroxyd um.

Bei der Autoxydation von Hexahydrodiphenylenoxyd in Gegenwart von Methanol und Protonen konnte das entstehende Carbeniumkation durch Anlagerung von Methanol in das Ketal überführt werden. Die Anlagerung

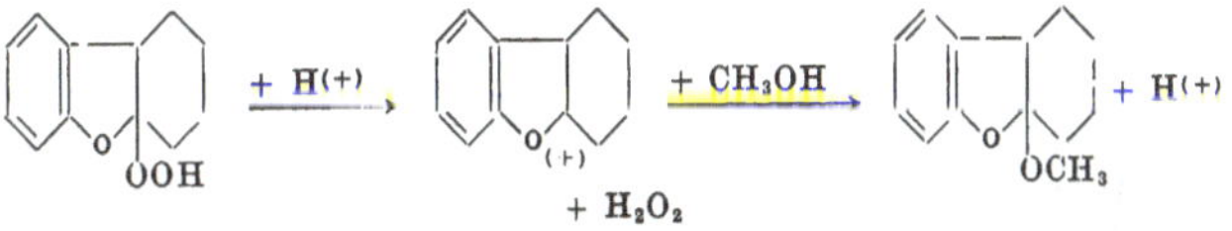

von Alkohol gelingt nur bei bestimmten cyclischen Äthern. Bei aliphatischen Äthern ist die Ketalbildung nicht möglich. In Gegenwart von Protonen wird ja gerade das Ätherhydroperoxyd unter Alkoholabspaltung in ein Carbeniumkation gespalten.

Die ionische Dimerisierung von cyclischen Äthern beschränkt sich offensichtlich auf die stabilisierten 5- und 6-Ringe und konnte von RIECHE am Isochroman- und Phthalansystem studiert werden. Die Spaltung der C—O-Bindung analog der der aliphatischen Äther würde zur Ringöffnung führen. Der unstabilisierte 7-Ring des Homoisochromanhydroperoxydes bildet bei der sauren Zersetzung kein dimeres Peroxyd.

2.9.3. Die radikalische Dimerisierung

Unter radikalischer Dimerisierung versteht man die Vereinigung von zwei gleichen Radikalen zu einer unradikalischen Verbindung. Bei der Kohlenwasserstoffoxydation konnten drei derartige Reaktionen beobachtet werden (Gleichung 7, 8 und 9).

Der Zusatz von Metallkatalysatoren fördert die radikalische Zersetzung der Hydroperoxyde und begünstigt die Vereinigung der Oxy- und Peroxyradikale. W. TREIBS erhielt bei der Einwirkung von $Co^{(+)(+)}$-Ionen auf Cumolhydroperoxyd durch Dimerisierung das Cumolperoxyd. Neben dieser durch Katalysatoren herbeigeführten Peroxydsysnthese kennt man bei der Oxydation von Kohlenwasserstoffen die Peroxydsynthese als Sekundärreaktion. Auch hier vollzieht sich die Dimerisierung der Oxyradikale.

Das Hydroperoxyd des Tetraphthens führt sehr schnell zum Peroxyd. Die Oxydation des Kohlenwasserstoffes ergibt ebenfalls hohe Peroxydausbeuten. Die relative Stabilität der gebildeten Oxyradikale sowie die schnelle homolytische Spaltung des Hydroperoxydes ist Voraussetzung dieser Peroxydbildung. Die Oxydation von Phthalan in Gegenwart von Kobaltnitrat führt ebenfalls zum dimeren Peroxyd. Auch hier liegt eine radikalische Dimerisierung vor, da kein Wasserstoffperoxyd gebildet wird.

Während 1-Methylisochroman sehr sauerstoffempfindlich ist, trifft dies für 1-Phenylisochroman nicht zu. Gleiche Erscheinung wurde an anderen Äthern und Kohlenwasserstoffen beobachtet. Die tertiäre C—H-Bindung des Cumols wird durch den aromatischen Kern aktiviert. Beim 9-Methylfluoren müßte infolge zweier aktivierender Gruppen die Lockerung der C—H-Bindung noch größer sein.

Phthalan und seine in 1- und 3-Stellung substituierten Derivate sind sehr oxydabel. Das 1.3-Diphenylphthalan bildet wie alle anderen gleichermaßen substituierten Phthalane nur ein Hydroperoxyd. Die monosubstituierten Phthalane jedoch können zwei verschiedene Hydroperoxyde bilden. In Nachbarstellung zum aromatischen Kern und zur Ätherbrücke kann die sekundäre und tertiäre C—H-Bindung von Sauerstoff angegriffen werden. Während beim 1-Methylphthalan beide entstehenden Hydroperoxyde in fast gleichen Mengen vorliegen, wird beim

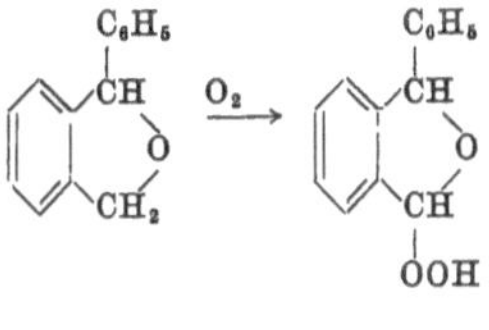

1-Phenylphthalan das sekundäre Hydroperoxyd als Hauptprodukt gebildet. Die durch zwei Phenylgruppen besonders gelockerte C—H-Bindung unterliegt in geringerem Maße der Oxydation. Bei der Sauerstoffbegasung von 9-Methylfluoren in Gegenwart von Methanol und Protonen entstanden als Reaktionsprodukte Fluorenon und das Dimere des 9-Methylfluorens.

Die geringe Autoxydationsgeschwindigkeit der genannten Verbindungen kann durch die Bildung langlebiger Radikale erklärt werden. Dies würde bedeuten, daß entweder das Kohlenstoffradikal gegen Sauerstoff unempfindlicher oder das Peroxyradikal zur Weiterführung der Kettenreaktion weniger geeignet ist. Es ist dabei sehr auffällig, daß besonders jene stark aktivierten C—H-Bindungen leicht der ionischen Spaltung und damit auch der ionischen Oxydation im alkalischen Medium unterliegen.

Das Tri-(p-nitrophenyl)-methan ist nicht oxydabel. Im alkalischen Milieu dagegen erfolgt schnelle Sauerstoffaufnahme. Je leichter das H-Atom als Proton abgespalten wird, desto geringer wird die Neigung zur Oxydation. Neuere Arbeiten von R. KUHN zeigen, daß leichte Protonenabspaltung und geringe Oxydationsneigung des Kohlenstoffradikals in engem Zusammenhang stehen. Das

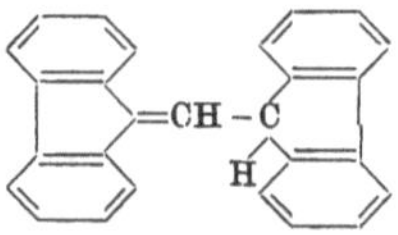

Anion des obigen Kohlenwasserstoffes bildet sich schon in verdünnter wäßriger Lauge. Bei der elektrischen Entladung entsteht aus dem Anion das Dimere. In Lösung dissoziiert diese Verbindung zum Teil in die Radikale, die gegenüber Sauerstoff sehr unempfindlich sind.

2.10. Die Oxydation der Alkohole

Die Alkohole unterliegen sehr schwer dem Sauerstoffangriff in der Flüssigphasenoxydation. Dies trifft besonders auf die unkatalysierten Umsetzungen zu. Die photochemisch initiierte Oxydation von Äthanol liefert Acetaldehyd, Essigsäure und Wasserstoffperoxyd. Die Säure entsteht nicht durch Sekundäroxydation des Aldehyds. Bei der Umsetzung liegt eine kinetische Kettenlänge von 1 vor. Dies zeigt sehr deutlich die Unfähigkeit des Äthanols zur radikalischen Oxydation. Der Angriff eines Radikals führt beim primären Alkohol ebenfalls zur Radikalbildung und durch Sauerstoffanlagerung zum Peroxyradikal. Die kurze kinetische Kettenlänge wird durch das extreme Verhalten der gebildeten Radikale veranlaßt. Das primär entstehende Kohlenstoffradikal kann sich sehr leicht, ehe die Anlagerung von Sauerstoff erfolgt, zum Aldehyd stabilisieren. Die Umsetzung mit Sauerstoff kann neben dem Hydroperoxyradikal gleichfalls Aldehyd ergeben.

$$CH_3-\dot{C}H-OH + O_2 \rightarrow CH_3-CH{=}O + \cdot OOH$$

Das entscheidende Kriterium für die kurze kinetische Kettenlänge ist die Tatsache, daß das gebildete Peroxyradikal und Hydroperoxyradikal nicht in der Lage sind, ein Wasserstoffatom dem Alkohol zu entreißen. Die beiden Radikale stabilisieren sich durch bimolekulare Reaktionen. Dabei bildet sich Essigsäure, H_2O_2 und O_2. Die

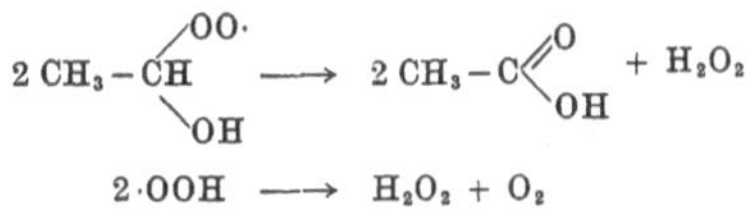

Unfähigkeit der entstehenden Peroxyradikale die Kette weiterzuführen, verhindert die Oxydation der primären Alkohole.

2.10.1. *Die H_2O_2-Gewinnung aus sekundären Alkoholen*

Die Oxydation sekundärer Alkohole findet leichter statt. Aus Isopropanol gewinnt man in großen Mengen Wasserstoffperoxyd. Das primär entstehende Peroxyradikal der sekundären Alkohole wie auch das HOO-Radikal können die Reaktionskette fortsetzen. Aber auch hier ist der Verlauf anders als bei normalen Oxydationsvorgängen. Das Peroxyradikal bildet sich nicht, demzufolge auch kein Hydroperoxyd. Kettenüberträger sind das Alkohol- sowie das HOO-Radikal.

$$CH_3-\dot{C}(OH)-CH_3 + O_2 \longrightarrow CH_3-C(=O)-CH_3 + HOO\cdot$$

$$HOO\cdot + CH_3-CH(OH)-CH_3 \longrightarrow CH_3-\dot{C}(OH)-CH_3 + H_2O_2$$

Die Flüssigphasenoxydation von Isopropanol wird bei 90—140° und 15—20 at durchgeführt. Zur Verhinderung der nachträglichen Spaltung von H_2O_2 darf der Reaktionskessel weder aus Eisen, Stahl, Nickel oder anderen Metallen gebaut sein, wohl aber aus siliziumhaltigem Material, Aluminium oder Zinn, sowie aus Plasten. Bei ca. 15% umgesetztem Alkohol werden Ausbeuten von 85—90% an Wasserstoffperoxyd und Aceton erhalten.

2.11. *Die Cooxydation*

Schon in früheren Kapiteln wurden Beispiele der gemeinsamen Oxydation zweier Substanzen angeführt. In den folgenden Fällen der Cooxydation werden als Ergebnis gekreuzter Reaktionsketten relativ einheitliche Endprodukte erhalten.

2.11.1. *Die Sulfoxydation*

Sie wurde 1940 von C. Pälz beschrieben und eingehend am Cyclohexen untersucht. Durch UV-Bestrahlung des Kohlenwasserstoffes entstehen die C-Startradikale. In Gegenwart von SO_2 und O_2 scheidet sich die Persulfonsäure ab, während in Gegenwart von Acetanhydrid ein gemischtes Anhydrid aus Sulfonpersäure und Essigsäure entsteht. Die Sulfoxydation in Gegenwart von Wasser, Methanol oder anderen Lösungsmitteln verläuft nur bei dauernder UV-Bestrahlung mit genügender Geschwindigkeit.

$$R-SO_2-OOH + CH_3-CO-O-CO-CH_3$$
$$\downarrow$$
$$R-SO_2-OO-CO-CH_3 + CH_3-CO-OH$$

$$R-SO_2-OOH + H_2O + SO_2 \longrightarrow R-SO_3H + H_2SO_4$$
$$+ CH_3OH + SO_2 \longrightarrow R-SO_3H + CH_3HSO_4$$

Die entstandene Persulfonsäure zerfällt radikalisch. Dies erklärt den autokatalyischen Charakter der Sulfoxydation.

$$R\cdot + SO_2 \rightarrow R{-}SO_2\cdot$$
$$R{-}SO_2\cdot + O_2 \rightarrow R{-}SO_2{-}OO\cdot$$
$$R{-}SO_2{-}OO\cdot + RH \rightarrow R{-}SO_2{-}OOH + R\cdot$$
$$R{-}SO_2OOH \rightarrow R{-}SO_3\cdot + \cdot OH$$
$$RSO_3\cdot + RH \rightarrow R{-}SO_3H + R\cdot$$
$$\cdot OH + RH \rightarrow H_2O + R\cdot$$

Im technischen Maßstab werden durch die Sulfoxydation nachhydrierte höhermolekulare Kogasinfraktionen der Fischer-Tropsch-Synthese in Alkansulfonsäuren überführt. Die CH_2-Gruppen der Kohlenstoffkette sind gleichwertig.

2.11.2. Die Cooxydation von Olefinen mit Merkaptanen

Die aktivierte Vinylgruppe eines Olefins würde in Abwesenheit einer zweiten oxydablen Substanz mit Sauerstoff zur Mischpolymerisation führen. In Gegenwart von Merkaptanen lagern sich die entstehenden Schwefelradikale leicht an die Doppelbindungen an. Der anwesende Sauerstoff reagiert sofort mit den sich bildenden C-Radikalen. Diese Reaktion wurde von KHARASCH in Heptan-

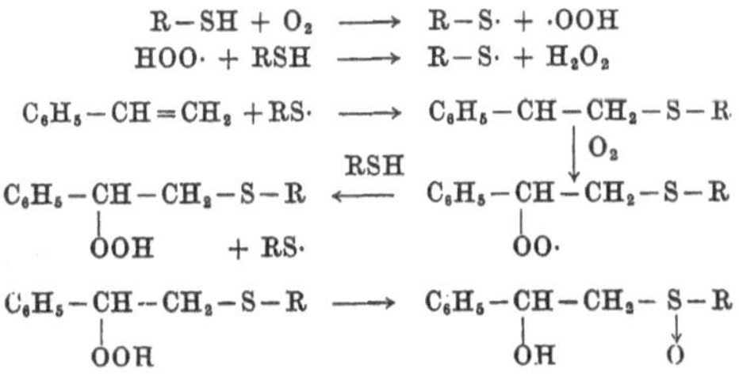

lösung untersucht. Als Endprodukt der Umsetzung von Styrol und n-Propylmerkaptan in Gegenwart von O_2 entsteht in fast 90%iger Ausbeute die entsprechende Hydroxylsulfonverbindung. Die Geschwindigkeit der Reaktion ist bei gleichem Merkaptan von der Reaktivität der Doppelbindung abhängig.

2.11.3. Die Cooxydation von Kohlenwasserstoffen mit PCl_3

Diese Reaktion wurde von SOBOROWSKI und SINOWJEW beschrieben. Nicht nur gesättigte Kohlenwasserstoffe, sondern auch Olefine und Verbindungen mit Dreifachbindung sind zur Umsetzung befähigt. Propan gibt z. B. in über 70%iger Ausbeute sekundäres Phosphonylchlorid neben primärem. 2.3-Dimethylbutan führt in ca. 90%iger Ausbeute zu tertiärem Phosphonylchlorid. Der entscheidende Schritt soll die Oxydation von PCl_3 sein.

$$PCl_3 + O_2 \rightarrow \cdot PCl_3{-}OO\cdot$$

Anschließend erfolgt die Umsetzung mit dem Kohlenwasserstoff.

$$PCl_3 + {}^1/_2O_2 + CH_3-CH_2-CH_3 \longrightarrow \underset{\displaystyle POCl_2}{CH_3-\underset{|}{C}H-CH_3}, \quad \underset{\displaystyle POCl_2}{\underset{|}{C}H_2-CH_2-CH_3} + HCl$$

$$PCl_3 + {}^1/_2O_2 + R-CH{=}CH_2 \longrightarrow R-\underset{\displaystyle Cl}{\underset{|}{C}H}-CH_2-POCl_2$$

3. Die ionische Oxydation

3.1. Die Oxydation von Sauerstoffanionen unter H_2O_2-Bildung

Die Sauerstoffaufnahme von Hydrochinon erfolgt in alkalischer Lösung ziemlich rasch. Eine Vielzahl von Endprodukten bildet sich. JAMES und WEISSBERGER untersuchten die Oxydation des Durohydrochinons. Dieses tetrasubstituierte Hydrochinon setzt sich fast quantitativ zum Durochinon und H_2O_2 um. Die Reaktion verläuft

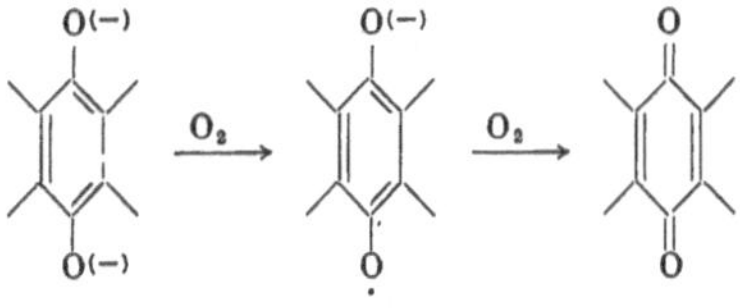

autokatalytisch. Während die erste Oxydationsstufe langsam verläuft, setzt sich das Semichinon-Anion mit O_2 sehr rasch um. Das gebildete Chinon reagiert mit unumgesetztem Hydrochinon zu Semichinon. Dadurch steigt die Geschwindigkeit der Gesamtumsetzung mit zunehmender Sauerstoffaufnahme.

Viele Chinone sind in Gegenwart von Alkali und Sauerstoff ebenfalls instabil. Die ionische Oxydation bleibt deshalb oft nicht auf der Stufe des Chinons stehen. Aus 1.4-Naphthochinon bildet sich das 2-Hydroxynaphthochinon in 20% Ausbeute.

Auch andere Verbindungsklassen verhalten sich während der Oxydation wie Hydrochinon. Aus Benzoin entsteht Benzil. Das im alkalischen Medium sich bildende Enol-Anion reagiert rasch mit Sauerstoff.

Die Phenol- und Enoloxydation wird durch Kupferionen katalysiert. Als Beispiel soll die Oxydation von Ascorbinsäure dienen. In der Natur kennt man eine

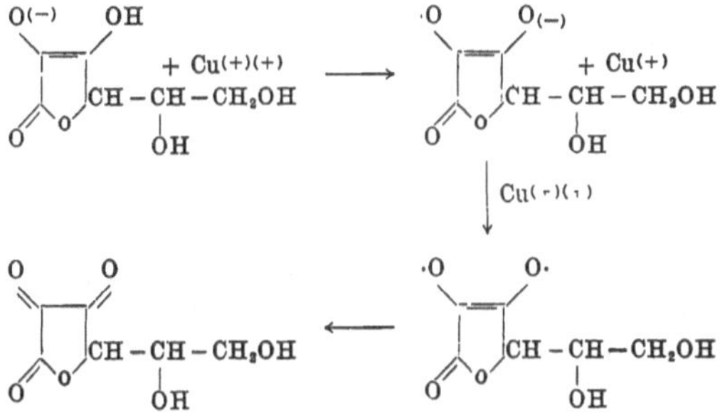

ganze Reihe oxydierender Fermente, die sogenannten Oxydasen, die nur in Gegenwart von Sauerstoff wirksam sind. Brackmann und Hazinge fanden, daß zweiwertige Kupferaminkomplexe die gleiche katalytische Wirkung zeigen wie die Tyrosinase. Unter Tyrosinase versteht man die Kupfer enthaltenden Phenoloxydasen.

3.1.1. Die Wasserstoffperoxydgewinnung

Die derzeitige großtechnische Gewinnung von H_2O_2 aus organischen Verbindungen wie 2-Äthyl- oder 2-tert.-Butylanthrahydrochinon hat viele Vorläufer. Schon um

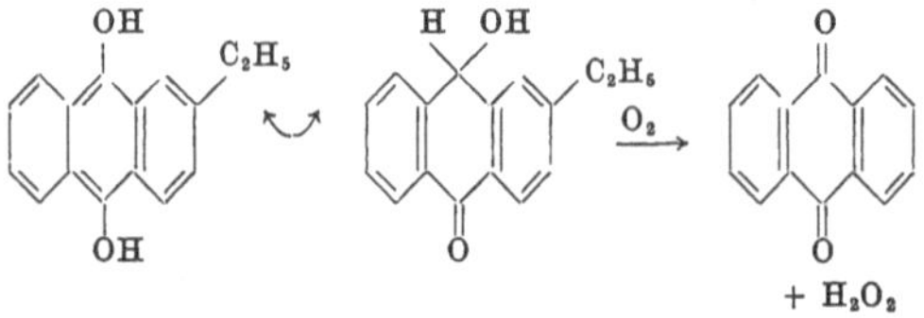

die Jahrhundertwende war bekannt, daß bestimmte organische Verbindungen wie Anthrahydrochinon und Hydrazobenzol sich weitgehendst quantitativ mit Sauerstoff zum H_2O_2 umsetzen. Die von W. Manchot im alkalischen Medium durchgeführten Versuche ergaben Natriumperoxyd. Erst drei Jahrzehnte später wurde durch Oxydation von Hydrazobenzol zu Azobenzol Wasserstoffperoxyd gewonnen und das Ausgangsmaterial durch Hydrierung des Azobenzols zurückerhalten.

Die erste technische Anlage zur Gewinnung von H_2O_2 wurde nach dem alkalischen Hydrazobenzolverfahren aufgebaut. Es gab ebenfalls erfolgreiche Versuche, H_2O_2 aus Aminohydrazobenzolen und Anthrahydrochinon zu gewinnen, wobei besonders G. Pfleiderer zu nennen ist. Die letzteren Verbindungen zeichneten sich dadurch aus, daß sie auch im neutralen Medium leicht zu Chinonen unter H_2O_2-Bildung oxydiert werden können

3.2. Die ionische Oxydation ohne Bildung von H_2O_2

Im Unterschied zur Oxydation des Hydrochinons erfolgt der Sauerstoffangriff an einem Kohlenstoffanion. Die ionische Oxydation von Fluoren und seinen Derivaten soll als Beispiel dienen.

Die Anionen entstehen in Gegenwart von starken Basen durch Abspaltung eines Protons. Nur Kohlenwasserstoffe mit einer stark aktivierten C—H-Bindung sind dafür geeignet. Dies trifft zu für Fluoren, Triphenylmethan, weniger für Diphenylmethan.

Die 9-Alkylfluorene geben bei der Sauerstoffbegasung in Pyridinlösung in Gegenwart von Benzyltrimethylammoniumhydroxyd die entsprechenden 9-Hydroperoxy- und Hydroxyderivate. Die rote Farbe der Lösung zeigt die vorhandenen Carbanionen an. Die gebildeten Hydroperoxyde reagieren mit den Carbanionen. Wird die Reaktion bei

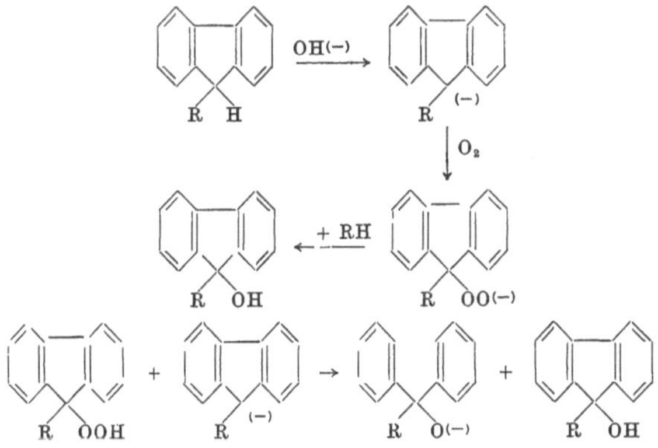

—40° durchgeführt, so unterbleibt weitestgehend die Bildung von Carbinol. Daß es sich um keine radikalische Reaktion handelt, beweist ihr andersartiges Verhalten. Eine Intensivierung durch UV-Bestrahlung war nicht feststellbar, gleichfalls fehlte eine Induktionsperiode.

Dieser eindeutige ionische Charakter der Oxydation tritt nicht überall gleich auf. RUSSELL nimmt bei der Oxydation von 2-Nitropropan einen gemischt-radikalisch-ionischen Mechanismus an. Für das Auftreten radikalischer Zwischenstufen spricht die beobachtete Induktionsperiode, der autokatalytische Charakter der Reaktion sowie der fördernde oder hemmende Einfluß von geringfügigen Mengen organischer oder anorganischer Substanz.

Das entstehende Peroxyradikal reagiert mit dem Carbeniumanion unter Elektronenübertragung. Es bildet sich erneut neben dem Salz des Hydroperoxydes ein C-Radikal. Die beobachtete

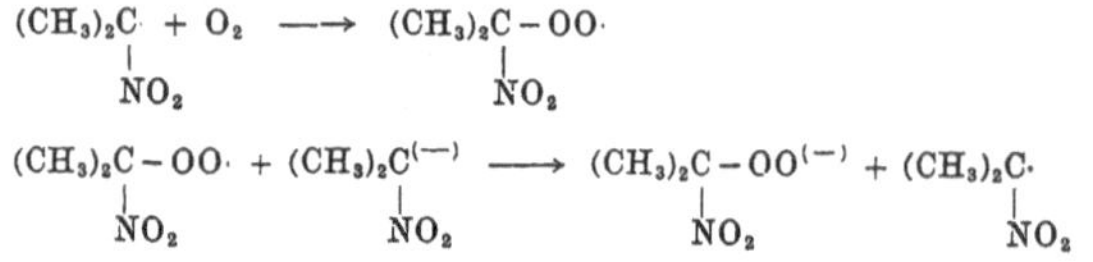

Autokatalyse rührt von der homolytischen Spaltung des Hydroperoxydes her. Die entstehenden Alkoxy- und Hydroxyradikale können ebenfalls unter Elektronenübergang mit Carbeniumanionen reagieren. Die sich dabei bildenden Kohlenstoffradikale wirken kettenverzweigend.

Mehrwertige Metallsalze können die Sauerstoffaufnahme begünstigen, aber auch verzögern, je nach der bevorzugten Einstellung des Gleichgewichts der Gleichung 22. $FeCl_3$ beschleunigt,

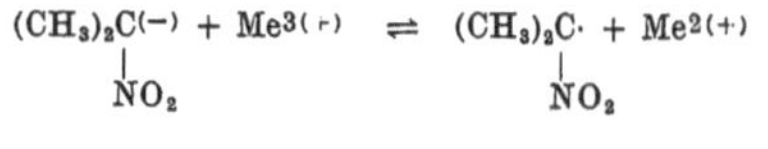

(22)

Cer- und Mangansalze verzögern die Umsetzung. Als Endprodukte der Reaktion wurden Aceton und Nitritanion gefunden.

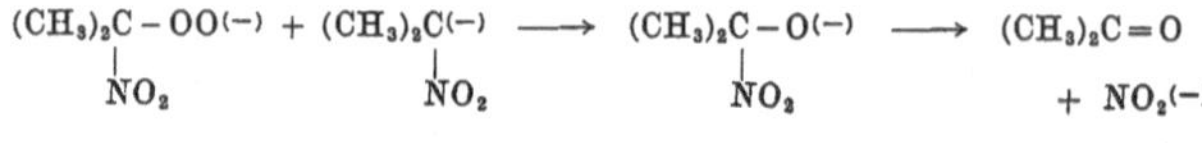

Pro Mol oxydierten Kohlenwasserstoffes wird $^1/_2$ Mol O_2 verbraucht, weil sich das entstehende Hydroperoxydanion mit dem Carbeniumanion umsetzt.

3.3. *Die Oxydation metallorganischer Verbindungen*

Der ionische Charakter der Sauerstoffaufnahme wurde bei GRIGNARD-Verbindungen eindeutig bewiesen, obwohl die C—Mg-Bindung einen ansehnlich kovalenten Bindungsanteil besitzt.

$$R-MgX \rightleftharpoons R^{(-)}\overset{(+)}{Mg}X + O_2 \longrightarrow ROO^{(-)}\overset{(+)}{Mg}X$$

Es liegt keine Kettenreaktion vor. Bei —80° wird in guter Ausbeute das Salz des Hydroperoxydes erhalten. Die C—Me-Bindungen sind je nach der Stellung des Metalles im Periodischen System verschieden stark ionisch ausgeprägt.

Je größer die Differenz der Elektronenaffinität zwischen dem C-Atom und dem Metall, desto größer der ionische Anteil der Bindung. Unter teilweisem ionischen Charakter einer kovalenten Bindung versteht man den Anteil der Polarität der vorliegenden Bindung im Vergleich zu einer idealen kovalenten und ionischen Bindung. Den prozentualen ionischen Gehalt einer bestimmten Bindung zeigt Tabelle 4.

Tab. 4 Prozentualer ionischer Gehalt verschiedener C-Metall-Bindungen

Art der Bindung	Prozentanteil der ionischen Bindung	Gruppe im Period. System
C – As	6	5
C – Si	12	4
C – Sn	15	4
C – Ti	18	4
C – Al	22	3
C – Mg	34	2
C – Li	43	1
C – Na	47	1
C – Cs	57	1
C – H	4	1

Alle organischen Derivate von Alkali- und Erdalkalimetallen reagieren spontan und sehr schnell mit Sauerstoff oder Luft. Die niedrigen Alkylverbindungen entzünden sich besonders an feuchter Luft. Die C—Me-Bindung ist in den magnesiumorganischen Verbindungen reaktiver als in GRIGNARD-Verbindungen. Auch die niedrigen Zinkalkyle entzünden sich spontan an der Luft. Bei vermindertem Druck lassen sie sich in der Gasphase in ihr Monoperoxyd überführen.

Die metallorganischen Verbindungen mit Elementen der III. Hauptgruppe des Periodischen Systems reagieren ebenfalls heftig mit Sauerstoff. Die Bortrialkyle und -triaryle werden von O_2 nur partiell oxydiert und ergeben Alkylborsäurediperester. Die letzte C—B-Bindung widersteht dem Angriff des Sauerstoffes. Die relativ polaren C—B-Bindungen reagieren mit den entstandenen Peroxygruppen unter Esterbildung. Die Dialkylborsäuren sind gegenüber Sauerstoff ebenfalls instabil. Die Aluminiumtrialkyle reagieren energischer mit Luft. Viele der Aluminiumalkyle entflammen spontan bei Sauerstoffzutritt. Teilweise Oxydation wie bei den Bortrialkylen konnte nicht beobachtet werden. Ebenfalls sehr reaktiv gegenüber O_2 sind die Alkylaluminiumhalogenide. Die Endprodukte der Umsetzung mit Sauerstoff sind bei den aluminiumorganischen Verbindungen bei Raumtemperatur niemals Peroxyde, da die entstehenden Peroxygruppen sofort mit freien C—Al-Bindungen reagieren.

$$-\overset{|}{\underset{|}{C}}-OO-Al\langle + -\overset{|}{\underset{|}{C}}-Al\langle \longrightarrow -\overset{|}{\underset{|}{C}}-O-Al\langle$$

Die Galliumalkyle sind den Aluminiumalkylen im Verhalten gegenüber O_2 gleichartig, dagegen sind die Indiumverbindungen weniger reaktiv.

Die Si—C-Verbindungen sind sehr stabil gegenüber Sauerstoffangriff. Die Alkylketten werden leichter oxydiert als die Si—C-Bindungen. Die Ge—C-Bindung ist dagegen bei höherer Temperatur der Oxydation eher zugänglich.

Noch leichter läßt sich die Ge—H-Bindung oxydieren, dasselbe trifft für die Organozinnhydride zu. Die Tetraalkylbleiverbindungen unterliegen bei höherer Temperatur dem Sauerstoffangriff und bilden PbO.

Die metallorganischen Verbindungen mit Elementen der V. Hauptgruppe unterscheiden sich von den bisher genannten. Die Trialkylstilbine werden zwar sehr leicht oxydiert, die niederen Alkyle sind spontan entflammbar, aber es bilden sich keine Peroxyde. Der Sauerstoff greift nicht an der C—Me-Bindung an. Das Ergebnis der Oxydation sind Trialkylstilbinoxyde. Ähnliches gilt für die Phosphine und Arsine. Auch deren Hydride bilden Oxyde.

Die Organoselen- und -tellurverbindungen sind eben-

$$RAsH_2 + O_2 \rightarrow RAsO + H_2O$$

falls leicht oxydierbar. Sie können 1 oder 2 Atome Sauerstoff aufnehmen und Oxyde bilden.

$$(R_2)Se + O_2 \rightarrow (R_2)SeO,\ (R)_2SeO_2$$

Beim Vergleich der Sauerstoffempfindlichkeit der einzelnen C—Me-Bindungen und beim Vergleich des Charakters der entstandenen C—OO—Me-Verbindungen gelangt man zu folgendem Ergebnis. Die alkali -und erdalkaliorganischen Verbindungen bilden mit Sauerstoff salzartige Peroxyde. Mit abnehmendem ionischen Anteil der C—Me-Bindung überwiegt die echte Peroxydbildung mit homöopolarer Bindung. Dies trifft für die Me—O-Bindung der Peroxyde von Bor, Silizium, Germanium und Blei zu. Die echten Peroxyde von Arsen, Antimon und Phosphor sind durch Oxydation aus ihren metallorganischen Verbindungen nicht zugänglich. Im Gegensatz zu den salzartigen sind die echten organischen Peroxyde in organischen Lösungsmitteln gut löslich. Die Oxydation metallorganischer Verbindungen des Li, Mg, Zn, Cd, B und Al führt primär zu Alkylmetallperoxyden.

Der salzartige Charakter der Alkali- und Erdalkaliperoxyde gestattet die Darstellung der Hydroperoxyde durch Hydrolyse. Die echten Peroxyde des Ge, Pb und As führen bei der Hydrolyse zur Sprengung der Me—O-Bindung. Die Borperoxyde nehmen eine Mittelstellung ein. Bei ihnen wird analog den Kohlenstoffperoxyden die O—O-Bindung gesprengt.

Durch Sauerstoffbegasung der Grignardverbindungen sind schwer zugängliche Hydroperoxyde und Dihydroperoxyde darstellbar. Primäre Alkanhydroperoxyde sind durch Oxydation schwer gewinnbar, dasselbe trifft für das 3-Hydroperoxydinden zu. Letzteres wurde aus Indenyl-3-lithium durch Sauerstoffbegasung und anschließende Hydrolyse gewonnen.

Aus aromatischen Metall- und Grignard-Verbindungen konnten bisher trotz vielfältiger Versuche keine Hydroperoxyde gewonnen werden. Es wird angenommen, daß die hohe Resonanzenergie des Phenoxyradikals die Dissoziationsenergie der O—O-Bindung sehr gering hält, und dadurch die Zerstörung der Peroxyde selbst bei tiefsten Temperaturen erfolgt. Auch die Alkali-Aromat-Addukte mehrkerniger kondensierter aromatischer Kohlenwasserstoffe, die bei Raumtemperaturen heftig mit Sauerstoff reagieren, bilden keine organischen Peroxyde. Diese mehrkernigen aromatischen Kohlenwasserstoffe wie Naphthalin, Anthracen, Pyren u. a. können Natrium addieren. Selbst bei $-75°$ entsteht bei der Sauerstoffbegasung der Kohlenwasserstoff zurück und gleichzeitig Natriumperoxyd.

4. Die Verhinderung der Oxydation

In den bisherigen Kapiteln haben wir die Oxydationsreaktionen an den verschiedensten Verbindungsarten dargelegt. In vielen Fällen ist der Sauerstoffangriff aber unerwünscht, weil durch die Oxydation die erzielten Eigenschaften vieler Verbindungen ungünstig verändert werden. Nahrungsmitteln, die Fette oder Öle enthalten, haben eine begrenzte Haltbarkeit. Benzine, Dieselkraftstoff und Schmieröle verlieren ebenfalls durch Oxydationsreaktionen ihren ursprünglichen Wert. Die hochmolekularen Verbindungen wie Polyäthylen, Polypropylen, Polyvinylchlorid, Polyamide, natürlicher und synthetischer Kautschuk werden ebenfalls leicht von Sauerstoff angegriffen. Die Verhinderung der Oxydation tritt in den genannten Fällen daher in den Vordergrund.

Praktisch müssen alle Hochpolymere, auch wenn sie keine Doppelbindungen oder Verzweigungsstellen enthalten, gegen die Einwirkung des Sauerstoffes geschützt werden. Die Oxydation führt zu Peroxyden und Hydroperoxyden, zur Sprengung von C—C-Bindungen und damit zum Abbau der Polymeren. Je länger die Kohlenstoffkette, desto geringer wird die zur Spaltung einer C—C-Bindung notwendige Dissoziationsenergie. Einmal entstandene Radikale addieren Sauerstoff. Die Peroxyradikale reagieren mit Doppelbindungen oder bilden

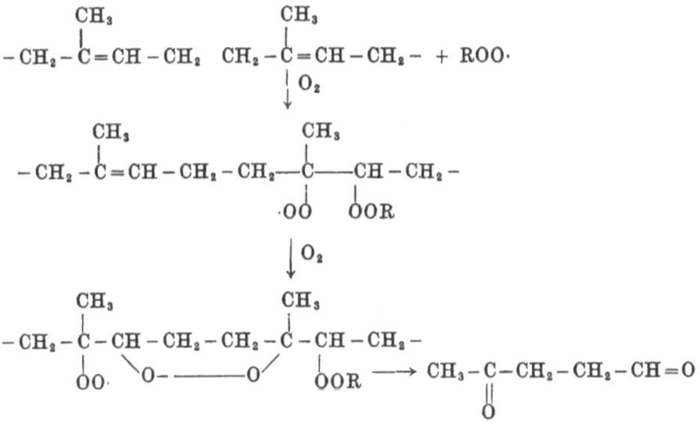

Hydroperoxyde. So entsteht als Hauptprodukt bei der Oxydation von natürlichem Kautschuk Lävulinaldehyd, weil die gebildeten 1.2-Peroxyde unter Sprengung der zwischenliegenden C—C-Bindung zerfallen.

Polyolefine mit Doppelbindungen in 1- und 5-Stellung sind von großer Wichtigkeit. Natürlicher und synthetischer Kautschuk enthält diese Gruppierung. Bei der thermischen Oxydation von Squalen konnten BOLLAND und HUGHES die Bildung von Hydro- und cyclischen Peroxyden nachweisen. Da die Reduktion des erhaltenen Peroxydes zu einem Triol führte, welches die α,β-Glykolgruppierung enthielt, nahmen die Autoren folgende Struktur an:

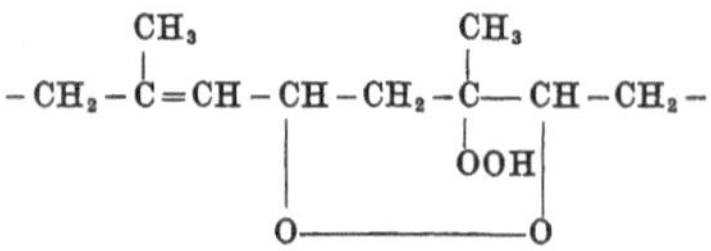

Die Verzweigungsstellen in Polystyrol und Polypropylen sind besonders sauerstoffempfindlich. Die Einwirkung von O_2 auf Polyäthylen führt ebenfalls zu Hydroperoxyden.

4.1. *Die Induktionsperiode*

Die Oxydationsprozesse der Mehrzahl der organischen Verbindungen sind in der Flüssig- und Gasphase langsamverzweigte Kettenreaktionen. Solche Umsetzungen sind zur Selbstbeschleunigung fähig. Überwiegen die Kettenverzweigungsakte im Vergleich zur Kettenfortpflanzung gegenüber den Kettenabbruchreaktionen, steigert sich die Umsetzung bis zur Explosion. Charakteristisch für diesen Reaktionstyp ist die Knallgasreaktion. Die Kettenverzweigung entsteht ständig im Verlauf der Kettenreaktion. SEMJANOW führte den Begriff des Kettenmechanismus mit degenerativer Verzweigung ein. Unter degenerativer Verzweigung versteht er die Bildung freier Radikale außerhalb des Kettenverlaufes aus verhältnismäßig stabilen Molekülen, wie sie für die Sauerstoffoxydation typisch sind.

Diese langsam-verzweigten Kettenreaktionen besitzen merkliche Induktionsperioden. Die Größe der Induktionsperiode hängt von der Entstehungsgeschwindigkeit der Primärradikale ab (Gleichung 4). Je leichter sich die C—H-Bindung radikalisch spalten läßt, desto kürzer ist die Induktionsperiode. Positive und negative Katalysatoren beeinflussen diese Anfangsperiode der Oxydation stark. Während positive Katalysatoren zusätzliche aktive Zentren schaffen und die natürliche Kettenbildung unterstützen, hindern die negativen Katalysatoren den natürlichen Kettenablauf und dämmen die Radikalverzweigungen weitgehendst ein. Die Wirkung dieser Katalysatoren läßt sich durch die graphische Darstellung der Sauerstoffaufnahme pro Zeit ablesen. Negative Katalysatoren, auch Inhibitoren genannt, verzögern die Sauerstoffaufnahme und verlängern die Induktionsperiode.

4.2. Die Möglichkeiten der Verhinderung der Oxydation

Entsprechend dem Radikalcharakter der Oxydation mit Sauerstoff gibt es verschiedene Möglichkeiten zur Verhinderung oder Verzögerung der Oxydation, wie die Ausschaltung von Sauerstoff, die Verhinderung der Bildung aktiver Zentren als Ausgangspunkte der Kettenreaktion, die rasche Unterbindung der beginnenden Kettenreaktion durch Abbruch der wachsenden Kette, die unradikalische Zerstörung entstandener Hydroperoxyde und das Ausschalten jeglicher positiver Katalysatoren.

4.2.1. Ausschluß von Sauerstoff

Hochwertige Nahrungsmittel können in luftundurchlässigen stickstoffhaltigen Behältern oder Folien lange Zeit aufbewahrt werden. Für technische Gebrauchsgegenstände ist diese Methode natürlich unmöglich.

Die stark autoxydablen ungesättigten Fettsäuren können durch Einschlußverbindungen gegenüber Sauerstoff geschützt werden. Am bekanntesten sind die Harnstoffaddukte. Stabile Addukte von α-Dextrin (Cyclohexaamylose), β-Dextrin (Cycloheptaamylose) und Desoxycholsäure wurden mit den gegenüber O_2 unbeständigen Verbindungen Linol-, Linolensäure und deren Estern, Zimtaldehyd und dem Palmitinsäureester des Vitamin A hergestellt. Alle diese Einschlußverbindungen wurden von Sauerstoff nicht mehr angegriffen. SCHLENK nimmt als Ursache der Stabilisierung folgende zwei Faktoren an. Einmal wirkt das Kristallgitter als natürliche Barriere und zum anderen wird durch die spezifische Kristallstruktur der Einschlußverbindungen jeder Radikalkettenmechanismus unterbunden.

4.2.2. Die Verhinderung der Startreaktion

Die zur Startreaktion notwendige Energie wird durch Wärme und Strahlung zugeführt. Bei tiefen Temperaturen läßt die Sauerstoffaufnahme auch bei stark autoxydablen Verbindungen merklich nach. Die Einwirkung von Licht hat besonders bei Hochpolymeren große Bedeutung, da diese ständig der Witterung und den Sonnenstrahlen ausgesetzt sind. Die Photooxydation von Polyäthylen läßt sich im Gegensatz zu den niederen gesättigten aliphatischen Kohlenwasserstoffen schwerer verhindern. Am besten bewährt haben sich undurchsichtige Pigmente, die die Energie absorbieren und das Hochpolymere dadurch schützen. Farblosen, transparenten Hochpolymeren werden zur Steigerung ihrer Lichtunempfindlichkeit sogenannte UV-Stabilisatoren zugesetzt, die selbst ein hohes UV-Absorptionsvermögen zeigen und nicht als Photosensibilisatoren wirken. Bewährt haben sich die o-Hydroxy-benzophenone sowie neuerdings die Hydroxyphenylbenztriazole.

4.2.3. Abbruch der Fortpflanzungsreaktion

Das primäre C-Radikal bildet mit Sauerstoff ein Peroxyradikal und durch Umsetzung mit dem Substrat unter Peroxydbildung entsteht ein neues C-Radikal. Der Zusatz von bestimmten organischen Verbindungen unterbricht diese Kettenreaktion. Je nach Aktivität des Inhibitors werden die entstehenden Radikale mehr oder weniger rasch unwirksam.

4.3. Die Wirksamkeit der Inhibitoren

Im Oxydationsmedium wirkt ein starker Inhibitor von freien Radikalen, wenn die entstehenden Peroxyradikale, ehe sie die Kette fortsetzen können, mit dem Inhibitor reagieren und Hydroperoxyde bilden.

$$ROO\cdot + IH \rightarrow ROOH + I\cdot \qquad (23)$$

$$I\cdot + RH \rightarrow R\cdot + IH \qquad (24)$$

$$I\cdot + O_2 \rightarrow IO_2\cdot \qquad (25)$$

$$IO_2\cdot + RH \rightarrow IOOH + R\cdot \qquad (26)$$

Im Idealfall entfernt ein Inhibitor alle freien Peroxyradikale. Ein wirksamer Inhibitor reagiert nur in geringem Umfang mit dem Substrat. Ein unwirksamer Inhibitor setzt entsprechend den Gleichungen 23–26 die Kettenreaktion fort. Ein schwacher Inhibitor ist nicht in der Lage, die Peroxyradikale in genügendem Umfang der Kettenreaktion zu entziehen.

Die Einteilung in starke und schwache, in wirksame und unwirksame Inhibitoren genügt den praktischen Anforderungen kaum. Direkte qualitative Vergleiche der verschiedensten Typen sind durch Messungen der Sauerstoffabsorption, der Veränderung der Induktionsperiode und der Abnahme des Hydroperoxydgehaltes möglich. Bei einem gegebenen Inhibitortyp nimmt die Wirksamkeit mit ansteigender Elektronendichte am reaktiven Zentrum zu. Mit abnehmender I—H-Bindungsstärke steigt die Wirksamkeit, das gleiche trifft für das Oxydations-Reduktionspotential zu. Ein zu geringes Potential führt aber leicht zu einer direkten Oxydation und schaltet den Inhibitor aus.

Ein starker wirksamer Inhibitor von freien Radikalen setzt sich mit zwei Peroxyradikalen um.

$$IH + ROO\cdot \rightarrow I\cdot + ROOH$$

$$I\cdot + ROO\cdot \rightarrow ROOI \qquad (27)$$

Die Wirksamkeit der Antioxydantien ist bei Zugabe zur autoxydablen Substanz am größten, bevor Sauerstoff einwirken kann und ehe sich Hydroperoxyde bilden können. Starke Inhibitoren von freien Radikalen sind meist gleichzeitig fähig, Peroxyde zu zerstören. Dagegen haben die schwachen Inhibitoren eine niedrigere Rate der Umsetzung mit Peroxyradikalen und zersetzen die Peroxyde in geringerem Maße.

4.3.1. Olefine als Inhibitoren

Bei der Oxydation von Aldehyden wurden zugesetzte ungesättigte Kohlenwasserstoffe, die allein gegenüber O_2 und Benzoepersäure beständig waren, oxydiert. Die Inhibitorwirkung nimmt mit zunehmender Zahl der im Molekül vorhandenen Doppelbindungen zu. Die Wirkung einer Doppelbindung hängt wesentlich von ihrer Reaktionsfreudigkeit ab. WITTIG untersuchte diese Zusammenhänge an verschiedenen Äthylenen und Vinylhomologen wie Tetraphenyläthen, Tetraphenyloctatetraen und Tetraphenyldodekahexaen. Das Tetraphenyläthen wird zu Benzophenon oxydiert. Je reaktionsfreudiger die Doppelbindung, desto stärker oxydationshemmend wirkt das Molekül. Die gebildeten Peroxyradikale lagern sich an die Doppelbindung an. Diese Reaktion verläuft mit einer aktivierten Doppelbindung sehr leicht, im Gegensatz

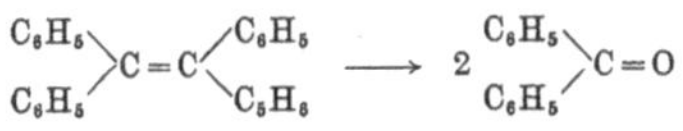

zur Abspaltung des Wasserstoffes von einer Aldehydmolekel. Je additionsfreudiger eine Doppelbindung ist, desto weniger Zusammenstöße sind im Durchschnitt zwischen Radikal und Inhibitormolekül zur Aufhebung der Doppelbindung notwendig

4.3.2. Phenole als Inhibitoren

Die betrachteten Olefine sind Inhibitoren, die während der Induktionsperiode durch Oxydation verbraucht werden. Nach ihrer Umsetzung setzt die ungehinderte

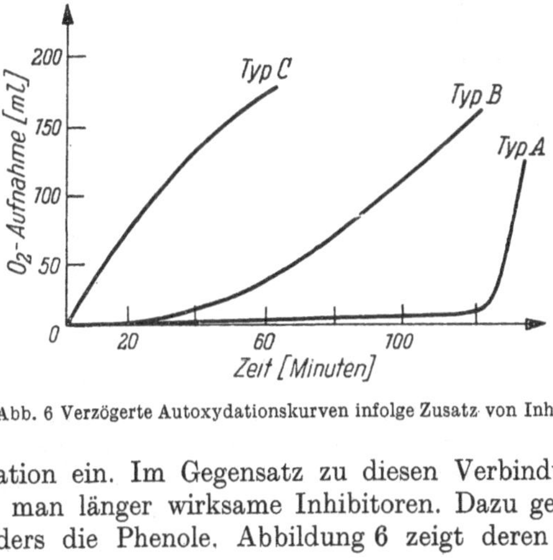

Abb. 6 Verzögerte Autoxydationskurven infolge Zusatz von Inhibitoren

Oxydation ein. Im Gegensatz zu diesen Verbindungen kennt man länger wirksame Inhibitoren. Dazu gehören besonders die Phenole. Abbildung 6 zeigt deren typisches Verhalten. Während Kurve *A* durch Zusatz eines Olefins entsteht, zeigt Kurve *B* die Wirkung eines Phenols.

Selbst wenn die zu oxydierende Flüssigkeit einige 100 Mol Sauerstoff pro Mol des zugesetzten Phenols aufgenommen hat, ist das Phenol noch wirksam. Die hemmende Wirkung von wenig p-Kresol in n-Butyraldehyd hält lange Zeit an. Nachdem 90% des Aldehyds zu Buttersäure oxydiert waren, lag von der zugegebenen Menge p-Kresol noch 60% unverändert vor.

Das Phenol reagiert mit den gebildeten Peroxyradikalen. In dieser Hinsicht unterscheidet es sich nicht von dem Olefin. Gleichzeitig wird es in die Kettenreaktion einbezogen (Gleichung 24). Das Phenol bildet sich dabei zurück. Das als Zwischenprodukt entstehende Phenoxyradikal ist stabiler als die Alkyl-, Alkoxy- oder Peroxyradikale und verzögert deshalb die Weiterführung der Reaktionskette. Die Umsetzung des Sauerstoffradikals mit Kohlenwasserstoff zu Phenol und Kohlenstoffradikal ist sehr gering. Die gebildeten Sauerstoffradikale reichern sich infolge der verzögerten Weiterreaktion an und erhöhen die Kettenabbruchreaktion. Dabei wirken sie gleichzeitig oxydationsverzögernd (Gleichung 27).

Setzt man p-Kresol als Inhibitor bei der Benzaldehydoxydation ein, entsteht primär das p-Tolyloxyradikal,

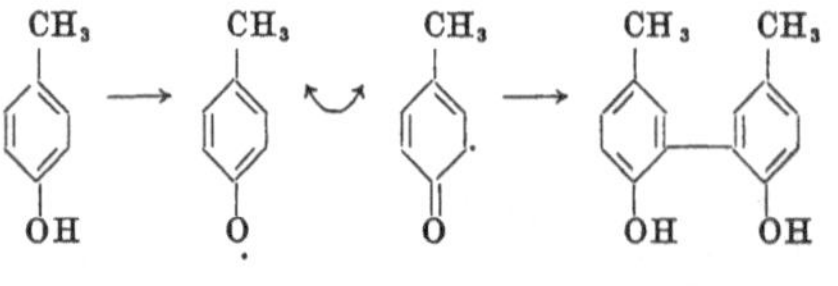

welches sich bevorzugt in die mesomere Grenzstruktur mit Kohlenstoffradikal umlagert. Die anschließende Dimerisierung führt zum 1,1'-Dihydroxy-4,4'-dimethyldiphenyl. Durch die zwei phenolischen Gruppen und infolge der noch vorhandenen freien ortho-Stellungen wirkt das Dimere selbst als Inhibitor.

Die Weiteroxydation konnte experimentell am 2.6-Xylenol bewiesen werden. Es gelang die Isolierung des 3.5.3.'5.'-Tetramethyl-4.4'-diphenochinons. Das gebildete dimere Phenol wird zum Chinon oxydiert, weil die beiden orthoständigen C-Atome blockiert sind. Eine weitere Molekülvergrößerung ist nicht möglich. Dieses Chinon wirkt ebenfalls oxydationsverzögernd. Jedes Molekül kann zwei Oxydationsketten beenden.

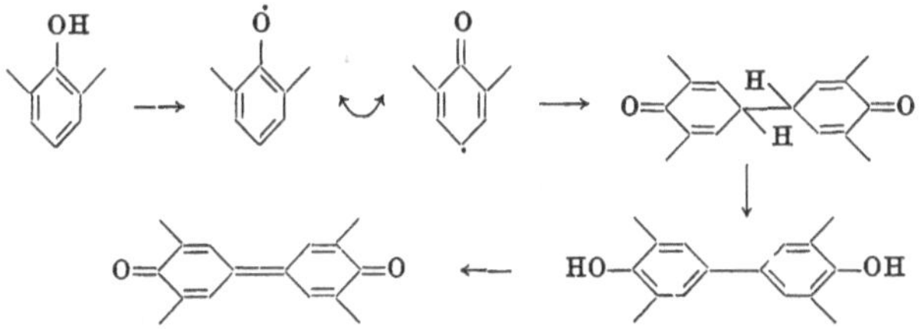

Viele Autoren konnten zeigen, daß bei Phenolen, die in beiden ortho-Stellungen und auch in der para-Stellung substituiert sind, eine komplizierte Umlagerung eintritt. Durch Dehydrierung des Phenols bildet sich bevorzugt das Hydroxybenzylradikal, welches dimerisieren, aber auch zur Ketogruppe weiteroxydiert werden kann.

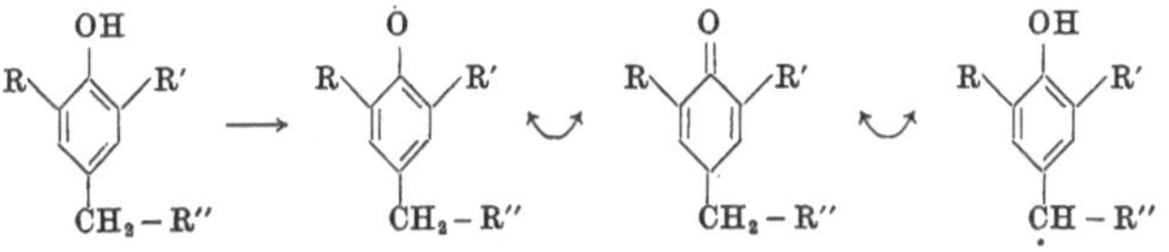

Während das 4-Äthyl-2.6-dimethylphenol zum 4.4-Dihydroxy-3.5.3'.5'.α.α'-hexamethyldibenzyl dimerisiert, gibt das 4-Äthyl-2.6-ditert.-butylphenol das 3.5-Ditert.-butyl-4-hydroxyacetophenon. Die Bildung chinoider Radikale wurde ebenfalls durch Zersetzung von Hydroperoxyden in Gegenwart von Phenolen bewiesen. So reagierten die tert.-Butylperoxyradikale mit 2.4.6-Trimethylphenol wie folgt:

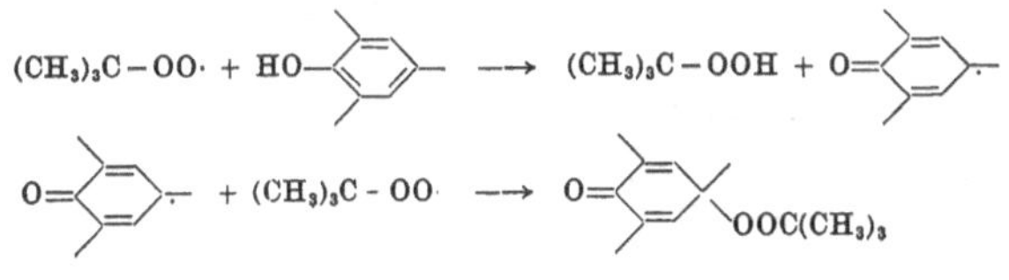

Interessante Ergebnisse lieferte die Untersuchung der Phenole mit methylsubstituierten ortho-Stellungen, aber verschieden substituierter para-Stellung. 2.6-Dimethylphenol ergibt bei der Dehydrierung das Dimere 4.4′-Dihydroxy-3′.5.3′.5′-tetramethyldiphenyl. Während 2.6-Dimethyl-4-methylphenol und 2.6-Dimethyl-

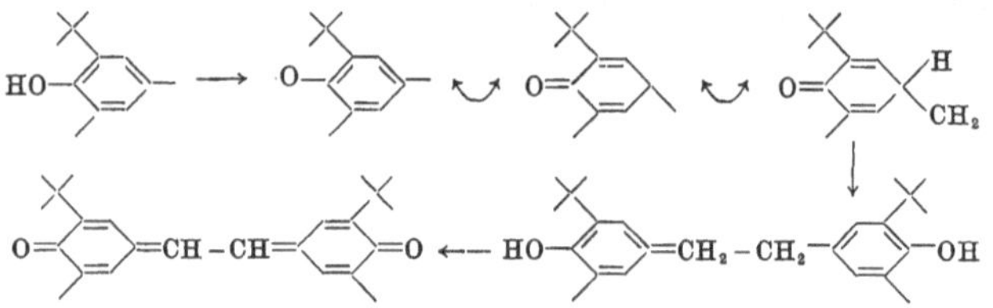

4-äthylphenol ebenfalls dimerisieren, konnte beim 2-tert.-Butyl-4.6-dimethylphenol ein Stilbenchinon und beim 2.6-Ditert.-butyl-4-methylphenol ein Hydroperoxyd und Peroxyd erhalten werden.

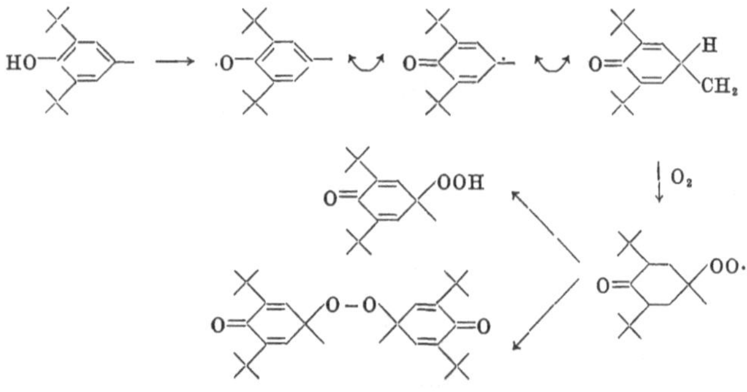

Die 4-n-Alkyl-2.6-ditert.-butylphenole sind besonders gute Inhibitoren bei der Oxydation von Kohlenwasserstoffen. Die Oxydation aller Phenole ist unvollständig, nur ein gewisser Teil der Phenoxyradikale dimerisiert nach erfolgter Umlagerung in C-Radikale oder bildet mit Peroxyradikalen oder Sauerstoff Peroxyde, während der restliche Teil durch Reaktion mit dem Substrat Phenol zurückbildet.

Stabile Sauerstoffradikale:

Neben den stabilen Radikalen des Kohlenstoffes und Stickstoffes kennt man besonders seit den Arbeiten von E. Müller auch stabile Sauerstoffradikale.

Schon Goldschmidt konnte in den 20er Jahren den Existenzbeweis der Sauerstoffradikale erbringen. Die Dehydrierungsprodukte der Alkyläther des Phenanthrenhydrochinons dissoziieren in Lösung weitestgehend in die Phenanthroxyle, die wenig sauerstoffempfindlich sind

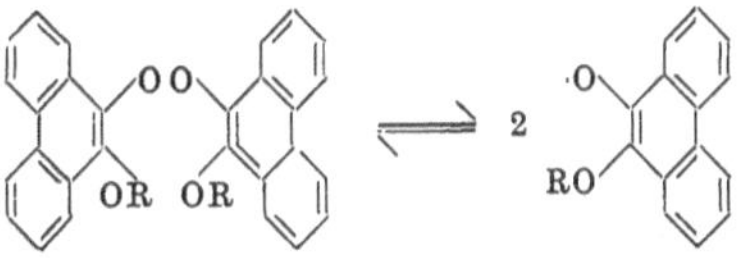

Die Arbeiten von Freudenberg bewiesen die zentrale Rolle des Sauerstoffradikals vom Coniferylalkohol bei der Bildung von Lignin. Aus dem Coniferylalkohol entsteht bei Gegenwart von Laccase oder Kupfersalzen und O_2 das Sauerstoffradikal durch Dehydrierung der phenolischen Gruppe. Dieses steht im Gleichgewicht mit weiteren

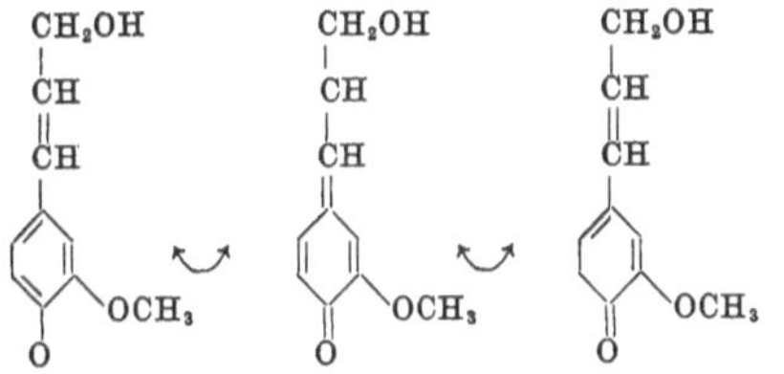

mesomeren Radikalstrukturen. Durch Vereinigung zweier Radikale, Stabilisierung der gebildeten Chinone zu Aromaten und erneute Dehydrierung bilden sich unter ständiger Molekülvergrößerung die Ligninstrukturen.

E. Müller gelang die Isolierung freier Sauerstoffradikale durch Stabilisierung des Phenoxyradikals durch raumerfüllende Gruppen in ortho- und para-Stellung. Aus 2.4.6-Tritert.-butylphenol entsteht durch Oxydation mit gelbem Blutlaugensalz das stabile Sauerstoffradikal. Unter dem Einfluß von Sauerstoff entfärbt sich die ursprünglich blaue Substanz und es entsteht ein gebliches Peroxyd mit chinoider Struktur.

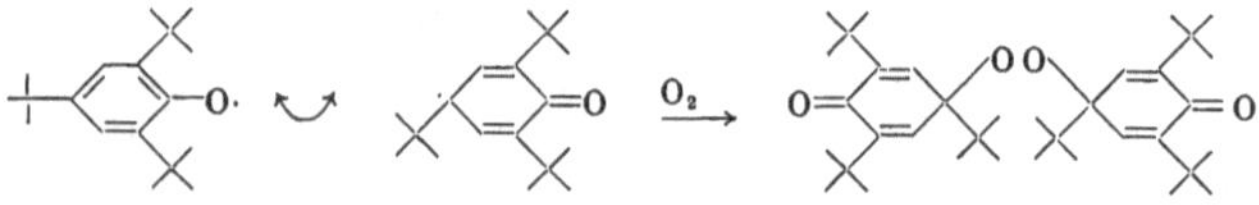

Wesentlich beständiger gegen Sauerstoff ist das von K. DIMROTH und Mitarbeitern dargestellte 2.4.6-Triphenylphenoxyl-(1). Das tiefrot gefärbte Radikal steht in Lösung mit dem entsprechenden Peroxyd (Dimerprodukt) im Gleichgewicht.

Wie eingehende physikalisch-chemische Untersuchungen zeigten, liegt das 2.4.6-Tritert.-butylphenoxyradikal in verschiedenen radikalischen und polaren Mesomerieformen vor. Das IR-Spektrum weist auf chinolide und polare Formen hin.

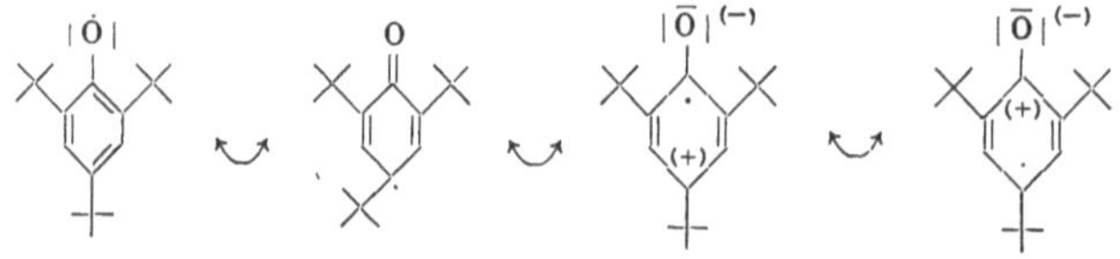

4.3.3. Polycyclische aromatische Kohlenwasserstoffe als Inhibitoren

Neben den Olefinen und Phenolen ist die hemmende Wirkung polycyclischer aromatischer Kohlenwasserstoffe wie Anthracen, 1.2-Benzanthracen, 3.4-Benzpyren, Chrysen u. a. besonders untersucht worden. Neben Verbindungen des Types *A* und *B* begegnen wir hier noch einer weiteren Inhibitorart. Chrysen wirkt bei der Oxydation von Benzaldehyd nur schwach verzögernd, während die entstehenden Oxydationsprodukte stärker hemmend wirken. Im Verlauf der Oxydation steigt bei Zusatz von Chrysen die Inhibitorwirkung an. Ähnlich wirken Zusätze von 2-Methyl-3.4-benzophenanthren und 1.2.3.4-Dibenzophenanthren (siehe Abb. 6).

Anthracen entspricht Typ *A*. Es wird zu Anthrachinon oxydiert, welches keine Verzögerung mehr ausübt. 3.4-Benzpyren gehört zum Typ *B*. Das entstehende Chinon wirkt ebenfalls oxydationshemmend.

4.3.4. Amine als Inhibitoren

Aromatische Amine sind Inhibitoren. Sie wirken gleichfalls peroxydzerstörend. Von vielen Autoren wird angenommen, daß die antioxydative Wirkung der aromatischen Amine durch die leichte Abgabe eines H-Atoms entsteht.

$$C_6H_5{-}NH_2 + ROO\cdot \rightarrow ROOH + C_6H_5{-}NH\cdot$$

Führt die Abspaltung eines H-Atoms zum Kettenabbruch, so müßten die deuterierten Amine einen geringeren Einfluß als Inhibitoren ausüben. Die Spaltung der N–D-Bindung erfolgt schwerer als die der N–H-Bindung. Dieser Deutereoeffekt konnte bei vielen aromatischen Aminen wie Diphenylamin, N-Methylanilin und N,N'-Diphenyl-p-phenylendiamin nicht beobachtet werden. Die Oxydationsverzögerung erfolgt bei diesen Verbindungen durch Abgabe eines Elektrons.

$$R{-}NH_2 + ROO\cdot \rightarrow ROO^{(-)} + R{-}\overset{(+)}{N}H_2$$

Das Salzpaar kann anschließend mit einem weiteren Peroxyradikal reagieren. Boozer und Hammond nehmen dagegen an, daß sich zuerst ein Peroxyradikal-Inhibitorkomplex bildet, der mit einem weiteren Peroxyradikal

$$RO_2\cdot + R{-}NH_2 \rightleftharpoons [(RO_2\cdot)RNH_2]$$

$$[(RO_2\cdot)RNH_2] + RO_2\cdot \rightarrow \text{Inaktive Produkte}$$

reagiert. In beiden Fällen beendet jedes Molekül eines Inhibitors zwei Ketten, indem es zwei Peroxyradikale in unradikalische Verbindungen überführt.

Substituierte aromatische Amine geben leicht das H-Atom der benachbarten CH_2-Gruppe an das Radikal ab. Gleichgültig, ob Elektronenübergang vom Amin, Komplexbildung mit Peroxyradikal oder Abgabe eines H-Atoms eintritt, scheint die Elektronendichte an der Aminogruppe entscheidend für die Wirksamkeit der aromatischen Amine zu sein. Der Vergleich verschiedenster N,N'-disubstituierter p-Phenylendiamine zeigt deutlich die ansteigende Inhibitorwirkung mit zunehmender Elektronendichte, bzw. fallender Basizität.

Tab. 5 Antioxydative Wirksamkeit verschiedener N,N'-disubstituierter p-Phenylendiamine im Konzentrationsbereich von $5.10^{-5} - 2.5\ 10^{-4}$ Mol pro Liter KW-Stoff bezogen auf N,N'-Disec.-butyl-p-phenylendiamin

N,N'-disubstituierte p-Phenylendiamine	Wirksamkeit rel. Wert
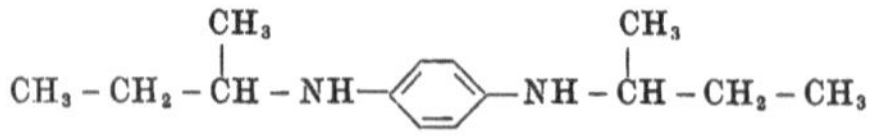	1
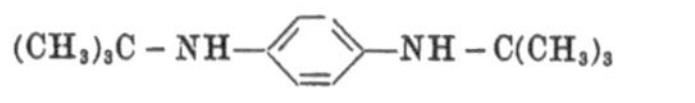	0,96
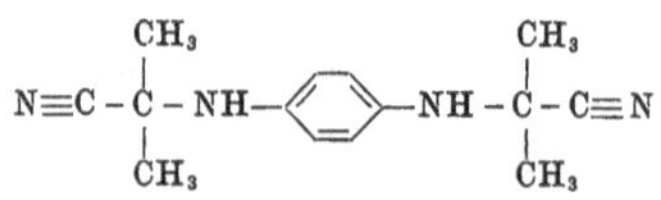	0,31
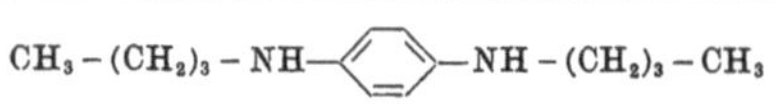	0,38
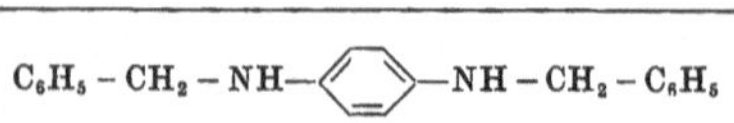	0,29

Wie bei den Phenolen sind die sterisch gehinderten Amine stärkere Inhibitoren. Die sterische Hinderung stabilisiert die entstehenden Radikale, vermindert deren

Beteiligung an Nebenreaktionen, die zur vorzeitigen Vernichtung des Inhibitors führen. N,N'-Disec.-butyl-p-phenylendiamin zeigt die dreifache Inhibitorwirkung wie das sterisch gehinderte Phenol 2.5-Ditert.-butyl-4-methylphenol.

4.4. Die Zerstörung der Hydroperoxyde

Der radikalische Zerfall der Hydroperoxyde führt zu Oxy- und Peroxyradikalen, die neue Oxydationsketten starten können. Dieser Zerfall ist unerwünscht.

$$\mathrm{A + ROOH \rightarrow ROH + AO} \qquad (28)$$

$$\mathrm{B + ROOH \rightarrow B + inakt.\ Prod.} \qquad (29)$$

$$\mathrm{C + ROOH \rightarrow freie\ Radikale} \qquad (30)$$

Gleichung 30 tritt bei Anwesenheit von Metallkationen ein. Die Wirksamkeit der entstandenen Radikale kann durch Inhibitoren für freie Radikale eingedämmt werden. Erfolgreicher ist die unradikalische Zerstörung der gebildeten Hydroperoxyde nach Gleichung 28 und 29

4.4.1. Schwefel- und Selenverbindungen als Peroxydzerstörer

Sulfide und Selenverbindungen zerstören Hydroperoxyde nach Gleichung 28.

$$\mathrm{ROOH + R_1{-}S{-}R_2 \rightarrow ROH + R_1{-}SO{-}R_2}$$

$$\mathrm{ROOH + R_1{-}SO{-}R_2 \rightarrow ROH + R_1{-}SO_2{-}R_2}$$

Die Reaktion der Sulfide mit Peroxyradikalen führt nicht zum Kettenabbruch, sondern verbraucht nur vorzeitig den Inhibitor. Die Umsetzungen mit Hydroper-

$$ROO\cdot + R_1{-}S{-}R_2 \longrightarrow RO\cdot + R_1{-}SO{-}R_2$$

oxyden führen zu Sulfoxyden und Sulfonen. Diese sind leicht weiter oxydierbar. Als Endprodukte der Oxydation entstehen Sulfonsäuren, die zusätzlich die Hydroperoxyde ionisch zersetzen.

In Tabelle 6 ist die Wirksamkeit verschiedener Schwefelverbindungen gezeigt. Sie wurde von KENNERLY und PATTERSON bei der Zerstörung von Cumolhydroperoxyd bei 150° in Mineralöl bestimmt. Setzt man die peroxydzerstörende Wirkung von Di-n-butyldisulfid gleich 1, so ergeben sich für die anderen Sulfide die in Tabelle 6 angeführten relativen Werte.

Tab. 6 Antioxydative Wirksamkeit verschiedener Schwefelverb. im Konz.-bereich $10^{-3} - 10^{-4}$ Mol/l bezogen auf Di-n-butyl-disulfid.

Schwefelverbindung	Wirksamkeit rel. Wert
n-$C_{10}H_{21}-SH$	8,3
(n-C_4H_9) – S – S – (n-C_4H_9)	1,0
(n-C_4H_9) – S – (n-C_4H_9)	0,7
(n-C_4H_9) – SO_2 – (n-C_4H_9)	0,03
R – SO_3H	3,3
$C_6H_5-S-C_6H_5$	0,01
$C_6H_5-S-C_6H_5-OH$	0,1
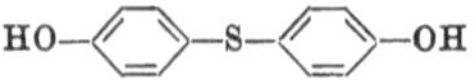	1,0
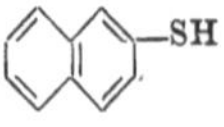	1,0
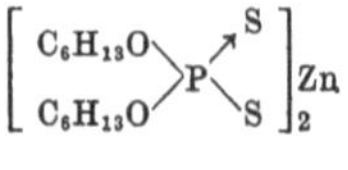	33,0

4.4.2. Die Zerstörung von Hydroperoxyden ohne Veränderung des peroxydzerstörenden Zusatzes

Die saure Zersetzung von Hydroperoxyden wurde schon eingehend beschrieben. Auch der Zusatz von Basen führt ohne deren Veränderung zur unradikalischen Zerstörung des Hydroperoxydes. Bei der basenkatalytischen Zersetzung entstehen aus den sekundären Hydroperoxyden durch Protonenangabe hauptsächlich Ketone und Alkohole. Die Protonenabgabe am C-Atom ist bevorzugt.

$$\begin{array}{rcl} RR'CH-OOH + \ddot{B}^{(-)} & \longrightarrow & RR'\underset{(-)}{C}-OOH + BH \\ & & \downarrow \\ & & RR'C{=}O + OH^{(-)} + BH \\ OH^{(-)} + BH & \rightleftharpoons & H_2O + \ddot{B}^{(-)} \\ \hline RR'CH-OOH + \ddot{B}^{(-)} & \longrightarrow & RR'CH-OO^{(-)} + BH \\ RR'CH{-}OOH + RR'CH{-}OO^{(-)} & \longrightarrow & RR'CH-O^{(-)} + RR'CH-OH + O_2 \\ RR'CH-O^{(-)} + BH & \rightleftharpoons & RR'CH-OH + \ddot{B}^{(-)} \end{array}$$

Die tertiären Hydroperoxyde können nur ein Peroxydanion bilden. Deshalb führt deren basenkatalytische Zerstörung zu tertiären Alkoholen.

Neben OH- und Alkoxy-Anionen wirken primäre, sekundäre und tertiäre Amine peroxydzerstörend. Je nach Amin bilden sich die stabilen Endprodukte nach einem ionischen oder radikalischen Mechanismus. Der gemischt ionisch-radikalische Zerfall der Hydroperoxyde konnte ebenfalls beobachtet werden. In vielen Fällen bleiben die Amine nicht unverändert. Offensichtlich werden sekundäre Hydroperoxyde von vielen Aminen nach Gleichung 29 zerstört, während besonders tertiäre Hydroperoxyde gleichzeitig das Amin oxydieren.

$$\begin{array}{c} R-CH_2-NH-R' + (CH_3)_3C-OOH \\ \downarrow \\ R-CH_2-\underset{\displaystyle OH}{\overset{(+)}{N}H}-R' + (CH_3)_3C-O^{(-)} \\ \downarrow \\ R-CH_2-\underset{\displaystyle OH}{N}-R + (CH_3)_3C-OH \end{array}$$

4.5. Die Verhinderung der Initiation

Metallsalze katalysieren infolge ihrer radikalischen Zersetzung der Hydroperoxyde stark die Oxydation. Höherwertige Metallkationen können zusätzlich als Primärkatalysatoren wirken. Allgemein gilt, daß die Mehrzahl der Schwermetallsalze als Prooxydantien auftreten. Dies gilt in gleichem Maße für Metalloberflächen. Mit zunehmender Oberfläche steigt die katalytische Wirksamkeit. In dem Maße wie Metallionen in Lösung gehen, wirkt die Metalloberfläche katalytisch.

Die Auflösung des Metalls durch organische Säuren z. B. im Kohlenwasserstoffmedium ist von der Gegenwart von Sauerstoff, Peroxyden und radikalischen Zwischenverbindungen abhängig. Will man die Wirkung des Metalls ausschalten, muß die Korrosion unterdrückt werden. Sogen. Korrosionsinhibitoren oder Metallpassivatoren schaffen durch Chemisorption einen Film auf der Metalloberfläche. Als wirksamste Substanzen haben sich Schwefel- und Phosphorverbindungen wie Thiophosphat und Kondensationsprodukte von Phosphorpentasulfid mit ungesättigten Kohlenwasserstoffen bewährt. Neben der Filmbildung zeigen sie gleichzeitig peroxydzerstörende Eigenschaften.

Neben der Ausschaltung der Metalloberfläche führt die Zugabe von komplexbildenden Verbindungen wie Äthylendiamintetraessigsäure oder Bis-salicylaldehydpropandiimin-1.2 zur Inaktivierung vorhandener Metallkationen.

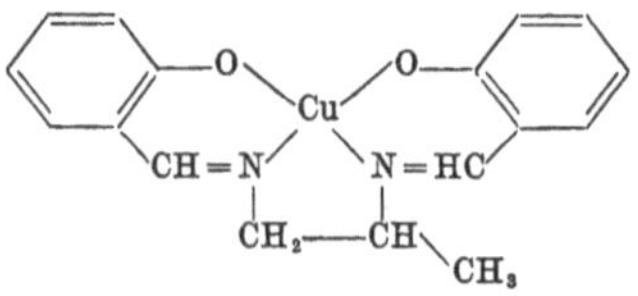

Kupferchelat des Bis-salicylaldehyd-propandimin-1.2

4.6. Die Wirkung gemischter Antioxydantien

Werden zur Oxydationsverhinderung zwei oder mehrere verschiedene Inhibitoren zugegeben, so können die Wirkungen der Einzelkomponenten sich addieren, verstärken oder abschwächen.

4.6.1. Die Wirkungen der Einzelsubstanzen addieren sich

Zwischen der Konzentration eines bestimmten Inhibitors und dem Grad der Oxydationsverzögerung besteht bei Abwesenheit von positiven Katalysatoren über einen ausgedehnten Konzentrationsbereich eine feste Beziehung.

2.6-Ditert.-butylphenol als Inhibitor besitzt bei einer molaren Konzentration von $2,5 \cdot 10^{-4}$, $5,0 \cdot 10^{-4}$ und $7,5 \cdot 10^{-4}$ Mol/l bei der Oxydation eines gesättigten Öles bei 160° Induktionsperioden von 110, 170 und 230 Min. Unter gleichen Bedingungen bei einer molaren Konzentration von $5,0 \cdot 10^{-4}$ Mol/l ergibt 2.4.6-Tritert.-butylphenol eine Induktionsperiode von 110 Min. Die Mischung beider Komponenten mit einer molaren Konzentration von je $5,0 \cdot 10^{-4}$ Mol/l ergibt eine Induktionsperiode von 230 Min. Die Wirkung der Mischung entspricht einer molaren Konzentration von $7,5 \cdot 10^{-4}$ Mol/l 2.6-Ditert.-butylphenol und gibt die gleiche Induktionsperiode. In der vorliegenden Mischung addieren sich die Wirkungen der Einzelsubstanzen.

4.6.2. Die Wirkungen der Einzelsubstanzen vergrößern sich

Die Mehrzahl dieser sinergetischen Mischungen von Antioxydantien wird erklärt durch das gemeinsame Wirken eines Inhibitors von freien Radikalen mit einem Inhibitor, der Peroxyde zerstört. Durch Umsetzung der Peroxyradikale mit Inhibitormolekülen entstehen Hydroperoxyde, deren homolytische Spaltung neue aktive Zentren bildet. Durch die unradikalische Zerstörung des Hydroperoxydes ergänzen sich die Handlungen beider Antioxydantien.

Tab. 7 Induktionsperioden bei der Oxydation eines gesättigten Öles bei 160° nach Zusatz von 2 Antioxydantien mit jeweils einer molaren Konzentration von $5 \cdot 10^{-4}$ Mol/l.

Zweite Komponente	Induktionsp. der 2. Komp. (Min)	Induktionsp. der 1. u. 2. Komp. (Min)
p-Methoxyanilin	30	305
Diphenylamin	45	325
p-Methoxyphenol	60	345
N-phenyl-β-naphthylamin	80	335
N-phenyl-α-naphthylamin	125	330

Tabelle 7 zeigt sinergetische Mischungen, deren eine Komponente immer 2.6-Ditert.-butyl-4-methylphenol ist, mit einer Induktionsperiode von 170 und 275 Min. bei molaren Konzentrationen von $5 \cdot 10^{-4}$ und $5 \cdot 10^{-3}$ Mol/*l*. Die Tabelle zeigt weiterhin die erhaltenen Zeiten der Induktionsperioden für die reine zweite Komponente bei einer molaren Konzentration von $5 \cdot 10^{-4}$ und für die Mischung beider bei molarer Konzentrationen von je $5 \cdot 10^{-4}$ Mol/*l*.

Die gemeinsame Wirkung von schwachen und starken Inhibitoren ist größer als die eines starken Inhibitors doppelter Konzentration. 2.6-Ditert.-butyl-4-methylphenol ist ein starker, wirksamer Inhibitor. Allgemein gilt die Regel, daß starke Inhibitoren fähig sind, Hydroperoxyde zu zerstören. Bei stark gehinderten Phenolen ist diese Neigung jedoch gering. Die jeweilige zweite Komponente wirkt in der Mischung als Peroxydzerstörer und Wasserstoffüberträger. Ihre Rolle als Inhibitor von freien Radikalen fällt dagegen nicht ins Gewicht.

Der Sinergist (*SH*) kann den Inhibitor von freien Radikalen durch Übertragen des Wasserstoffes wie folgt zurückbilden·

$$ROO\cdot + IH \rightarrow ROOH + I\cdot$$

$$I\cdot + SH \rightarrow IH + S\cdot$$

Die wirksamere Komponente bleibt auf Kosten der weniger aktiven erhalten.

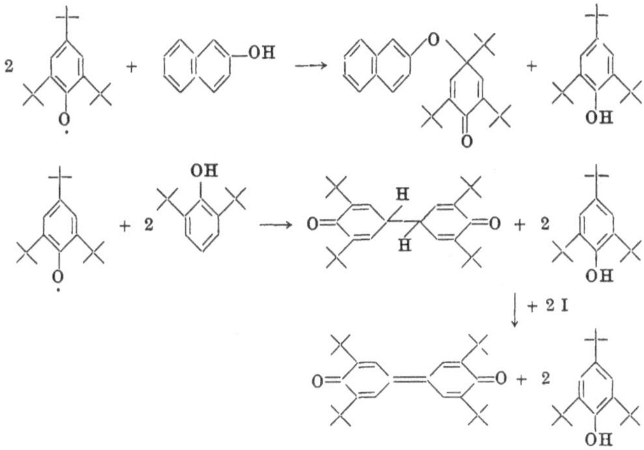

Die Widerstandsfähigkeit von Mineralölen gegenüber der Sauerstoffoxydation wird durch Mischungen von Eisen-, Nickel- und Cobaltsalzen der Alkyldithiocarbonate, Alkyldithiophosphate oder Alkylxanthate und Kupfernaphthenaten oder- stearaten erhöht. Die Komponenten erster Art sind radikalische Peroxydzerstörer. Cu-naphthenat und -stearat wirken als Inhibitoren von freien Radikalen, ihre hydroperoxydzerstörende Eigenschaft tritt infolge Mangel der Hydroperoxyde in den Hintergrund. Die Vernichtung der Radikale durch Kupferionen erfolgt nach folgenden Gleichungen:

$$RO_2\cdot + Cu^{(+)(+)} \rightarrow R^{(+)} + Cu^{(+)} + O_2$$

$$RO\cdot + Cu^{(+)} \rightarrow Cu^{(+)(+)} + R{-}O^{(-)}$$

$$RO_2\cdot + Cu^{(+)} \rightarrow Cu^{(+)(+)} + R{-}OO^{(-)}$$

Die Kupferionen wirken besonders in der Anfangsperiode der Oxydation hemmend. So verzögern sie die durch Eisenionen katalysierte Oxydation von Tetralin oder die durch Kobaltstearat katalysierte Oxydation von Normalparaffin.

Andere Autoren nehmen die Bildung von Radikal-Kupferionen-Komplexen an. Bei anwesenden Kupferionen werden die Radikale von diesen eingefangen, komplex gebunden, ohne daß sofort eine chemische Umsetzung erfolgt. In diesen Komplexen verlieren die Radikale einen Teil ihrer Reaktivität. Sie können die Kettenreaktion nur schwerlich fortsetzen. Geht man allgemein davon aus, daß Metallionenzusätze bei der Oxydation zu Radikal-Metallionen-Komplexen führen, so wird die Stabilität des jeweiligen Komplexes ausschlaggebend sein für die Wirkung der Metallionen. Der verzögernde Einfluß von Kupferionen bei der durch Eisen- und Kobaltionen katalysierten Oxydation von Kohlenwasserstoffen erklärt sich aus der Bildung stabilerer Radikal-Kupferionen-Komplexe auf Kosten der katalytisch wirksameren aber labileren Radikal-Kobaltionen-Komplexe. Gleiche Rolle können die Metallionen von Uran, Vanadin und auch Mangan spielen.

Die Bildung von Radikal-Kupferionen-Komplexen konnte M. S. Kharasch experimentell aufklären. Bei Gegenwart von Licht oder Benzoylperoxyd als Radikalspender gelingt die Bromierung von Chloroform zu Bromtrichlormethan mit Bromsuccinimid. Geringste Mengen $Cu^{(+)}$-Ionen können diese Umsetzung vollständig verhindern. Die einwertigen Kupferionen fangen die gebildeten Trichlormethylradikale weg und bilden eine instabile Organokupferverbindung.

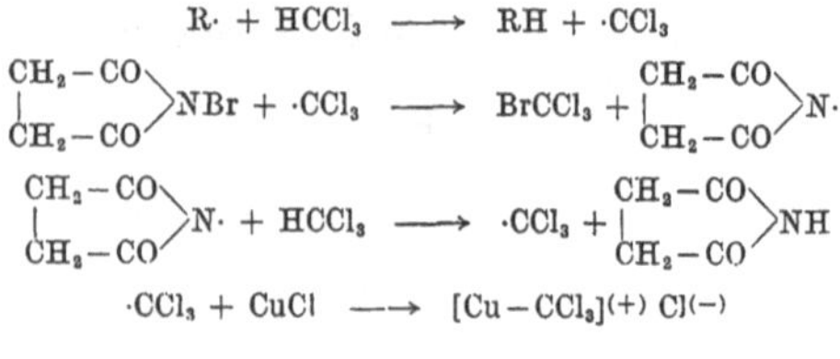

Durch diesen Radikal-Metallionenkomplex verliert das Trichlormethylradikal die Fähigkeit Brom aus Bromsuccinimid radikalisch abzuspalten. Im Endergebnis der Reaktion entsteht Hexachloräthan.

$$2[Cu-CCl_3]^{(+)}Cl^{(-)} \rightarrow Cl_3C-CCl_3 + 2\,CuCl$$

Die Radikal-Kupferionen-Komplexe zeichnen sich nicht allein dadurch aus, daß sie zu den Umsetzungen der primären Radikale unfähig sind, sie erlangen gleichzeitig neue Fähigkeiten. Sie können beispielsweise die Zerstörung von Peroxyden katalysieren.

Wird tertiäres Butylperoxyd in Benzaldehyd zerstört, so bildet sich Benzopinacondibenzoat. In Gegenwart von $Cu^{(+)}$-Ionen werden die entstehenden Benzoylradikale eingefangen. Der entstehende Benzoylradikal-Kupfersalz-Komplex ist fähig tert. Butylperoxyd zu zerstören. Als Hauptprodukt entsteht tert. Butylbenzoat.

$$[C_6H_5-CO-Cu]^{(+)}Cl^{(-)} + (CH_3)_3C-OO-C(CH_3)_3 \longrightarrow$$
$$(CH_3)_3CO\cdot + CuCl + C_6H_5-\underset{\underset{O}{\|}}{C}-O-C(CH_3)_3$$

Die Entstehung der Radikal-Metallsalz-Komplexe erklärt das verschiedene Verhalten der Metallsalzzusätze als Inhibitoren von freien Radikalen, Desaktivatoren und Peroxydzerstörer.

Der sinergetische Effekt kann nicht in allen Fällen durch die Anwesenheit von Inhibitoren und Peroxydzerstörern erklärt werden. In natürlichen Fetten und Ölen, frei von Inhibitoren, sind die Zitronen- und Ascorbinsäure vollständig unwirksam. Sie verzögern die Oxydation nicht. Bei Zugabe phenolischer Inhibitoren wie Tocopherol zeigen gleiche Säuren ausgeprägte sinergetische Wirkung. Tocopherol als natürlich vorkommendes Phenol und seine Oxydationsprodukte wirken wahrscheinlich peroxydzerstörend. In Gegenwart von Zitronen- und Ascorbinsäure wird diese Eigenschaft durch die Bildung eines schwachen Komplexes aus Säure und Inhibitor zurückgedrängt. Dieser Komplex kann nur mit freien Radikalen reagieren.

Die sinergetische Wirkung kann auch durch Abgabe von Wasserstoffatomen an den Inhibitor erklärt werden, wie dies die Zitronen- und Ascorbinsäure verwirklichen kann. Die α-Aminosäuren sind starke Sinergeten für phenolische Antioxydantien bei der Oxydation ungesättigter Fettsäureester. Der phenolische Inhibitor bleibt durch derartige Zusatze länger wirksam. Hydrochinon wird z. B. in Ausübung seiner oxydationshemmenden Rolle zum Chinon oxydiert und damit unwirksam. Das anwesende α-Alanin wird durch eine oxydative Desaminierung in die Brenztraubensäure übergeführt, welche ihrerseits das Chinon reduziert.

4.6.3. Die Wirkungen der Einzelsubstanzen schwächen sich ab

Dieser antagonistische Effekt liegt vor, wenn durch Zugabe von zwei Inhibitoren die oxydationsverzögernde Wirkung einer einzelnen Komponente durch das Hinzufügen der zweiten verringert wird. Hauptursache ist die gegenseitige Vernichtung von Inhibitorradikalen.

$$I_1\cdot + I_2\cdot \rightarrow \textit{unrad. Produkte}$$

Dadurch wird ihre Wirkung vorzeitig unterbunden. Ohne Zusatz der zweiten Komponente wäre jedes Inhibitorradikal in der Lage, ein zweites Peroxyradikal einzufangen.

5. Die Gasphasenoxydation

Der Dampf von organischen Verbindungen reagiert mit Sauerstoff. Die einsetzende Oxydationsreaktion kann sich bis zur vollständigen Zerstörung der organischen

Substanz steigern. Die Oxydation geht in die Verbrennung über und wird durch das Auftreten einer Flamme begleitet. Es entstehen die Oxyde der enthaltenden Elemente wie CO, CO_2 und H_2O.

5.1. Die Temperaturabhängigkeit

Bei der kontrollierten Gasphasenoxydation wird durch die Steuerung der exothermen Gesamtreaktion das Auftreten einer Flamme verhindert. Als Endprodukte entstehen Verbindungen, die ungleich denen der Verbrennung sind.

Die Gas- und Flüssigphasenoxydation besitzen gemeinsame Merkmale. Sie sind beide Radikalkettenreaktionen. Das Typische der Gasphasenoxydation ist die angewandte höhere Temperatur. Bei der Oxydation in flüssigem Zustand war die zugeführte thermische Energie geringer, die Spaltung der jeweiligen C—H-Bindung hing weitestgehend von der Größe der Dissoziationsenergie ab. Bei den viel höheren Temperaturen genügt die zugeführte thermische Energie für die Spaltung jeder C—H-Bindung. Der selektive Angriff des Sauerstoffes ist abgeschwächt. Der statistische Angriff aller C—H-Bindungen tritt in den Vordergrund, gleich ob es sich um eine CH_3-, CH_2- oder CH-Gruppe handelt.

Das Gemeinsame beider Oxydationsverfahren ist die Radikalbildung durch Sprengung einer C—H-Bindung und Anlagerung von Sauerstoff. Bei der Gasphasenoxydation kann im Unterschied zur Sauerstoffbegasung der flüssigen Phase O_2 gleichzeitig dehydrierend wirken.

Während zwischen 100 und 200° Kohlenwasserstoffe sehr leicht oxydiert werden und die verschiedensten Zwischenprodukte entstehen (vgl. Paraffinoxydation), nimmt die Menge der sauerstoffhaltigen Verbindungen mit steigender Temperatur ab. Als Hauptprodukte treten Olefine auf. Bei weiter steigender Temperatur fällt der

Anteil der Olefine und Kohlenwasserstoffe ab, die Spaltung der C—C-Bindungen setzt mehr und mehr ein.

Wird die Oxydation von definiert deuteriertem Propan und Butan in der Gasphase so durchgeführt, daß die Dehydrierung Hauptreaktion wird, kann aus dem erhaltenen Deuteriumanteil des gebildeten Wassers der Angriff des Sauerstoffes bestimmt werden. Die Olefinbildung setzt das Entstehen von Radikalen voraus. Ein Kohlenstoffradikal reagiert mit Sauerstoff. An Stelle des Peroxyradikales entsteht das Olefin.

$$R-\dot{C}H-CH_2-R' + O_2 \rightarrow R-CH=CH-R' + \cdot OOH \quad (31)$$

Die Auswertung der Experimente ergab, daß die H-Abspaltung bei einer secundären CH_2-Gruppe im Oxydationsmedium doppelt so schnell wie bei einer primären CH_3-Gruppe erfolgt. Andere Autoren bestätigen diese Aussage. Es wurde nacheinander je ein C-Atom des Kohlenwasserstoffes 2-Methylpentan jeweils durch ^{14}C ersetzt und die Verbindung dann oxydiert. Die Untersuchung der Oxydationsprodukte und die Bestimmung des Gehaltes an ^{14}C führte ebenfalls zu dem Schluß, daß ähnlich wie bei der Flüssigphasenoxydation die tert. CH-Gruppe bevorzugt wird.

Bei der Oxydation von Kohlenwasserstoffen im Temperaturbereich von 250 bis 450° verhalten sich die relativen Raten des Sauerstoffangriffes bei primären, sekundären und tertiären C—H-Bindungen angenähert wie 1 : 2—4 : 10—12. Je höher die Temperatur, desto geringer werden die Unterschiede im Verhalten der einzelnen C—H-Bindungen gegenüber Sauerstoff, während umgekehrt mit fallender Temperatur der Sauerstoffangriff differenzierter erfolgt.

Die höchsten Ausbeuten an sauerstoffhaltigen Produkten erhält man z. B. bei der Butanoxydation zwischen 250 und 300°. Mit steigender Temperatur fällt dieser Anteil asymptotisch ab. Bei 700° beträgt er 0%. Zwischen 250—300° wurden 65—45% sauerstoffhaltige Produkte ermittelt. Bei 400—450° betrug dieser Anteil nur noch 20%. Während bei 250—300° nur 5% Olefin auftraten, konnten zwischen 400—450° bereits über 20% nachgewiesen werden. Bei 700° erreicht der Olefingehalt das Maximum mit 95%. Bei dieser Temperatur liegt eine dehydrierende Pyrolyse des Butans vor

Aus der Temperaturabhängigkeit und Zusammensetzung der Endprodukte der Butanoxydation ergeben sich verschiedene Reaktions- und Temperaturzonen.

1. Unterhalb 200° findet unter den Bedingungen der Gasphasenoxydation ohne Anwendung von Druck keine merkliche Umsetzung statt. Die große Entfernung zwischen zwei Molekülen bedingt eine geringe Kettenlänge. Um eine relativ hohe Umsetzungsgeschwindigkeit zu erreichen, bedarf es einer gewissen Radikalkonzentration, die unter 200° nicht vorhanden ist.

2. Zwischen 200 und 300° verlaufen vorwiegend Oxydationsprozesse. Der Anteil der Olefine ist gering. Aus den C-Radikalen bilden sich hauptsächlich Peroxyradikale.

Die Lebensdauer der gebildeten Peroxyradikale ist abhängig von der Temperatur. Sie unterliegen der uni- und bimolekularen Zersetzungsreaktion.

$$R-\underset{\displaystyle OO\cdot}{\underset{|}{CH}}-R' \longrightarrow R-CH{=}O + R'-O\cdot$$

$$2R-\underset{\displaystyle OO\cdot}{\underset{|}{CH}}-R' \longrightarrow 2R-\underset{\displaystyle O\cdot}{\underset{|}{CH}}-R' + O_2$$

3. Die dritte Temperaturzone von 300—450° ist durch die ständige Abnahme der sauerstoffhaltigen Produkte und Zunahme der Olefine gekennzeichnet. Das Maximum der Reaktionsgeschwindigkeit liegt bei 350—370°, anschließend folgt bei 400—420° ein Minimum. Mit zunehmender Temperatur tritt Gleichung 31 in den Vordergrund. Die Peroxyradikale zerfallen in Olefine, bzw. bilden sich gar nicht erst. Die Hydroperoxydbildung nimmt ab, damit verringert sich die Konzentration der Ausgangsradikale. Diese entstehen bekanntlich durch Zerfall der Hydroperoxyde und Neubildung aus Kohlenwasserstoff. Das gleichzeitig gebildete HOO-Radikal ist weniger reaktionsfähig und zerfällt.

$$2\cdot OOH \rightarrow H_2O + {}^1/_2O_2$$

Erst mit steigender Temperatur wird die zurückgegangene Neubildung der Radikale durch thermische Spaltung von C—H- und C—C-Bindungen ausgeglichen.

4. Über 450° überwiegen die Olefine. Die Oxydation des Butans ergibt hauptsächlich Propylen und Äthylen. Mit zunehmender Temperatur erhöht sich der Olefinanteil, gleichzeitig nimmt die Spaltung der C—C-Bindungen zu, die zu niederen Olefinen führt.

5.2. Die Druckabhängigkeit

Das Verhalten der sauerstoffhaltigen Radikale (ROO· und RO·) hängt gleichzeitig vom herrschenden Druck ab In der flüssigen Phase ist die Konzentration der Kohlenwasserstoffe groß genug. Die gebildeten sauerstoffhaltigen Radikale reagieren mit dem Ausgangsprodukt.

Bei der Gasphasenoxydation wird dies nur bei hohem Druck annähernd erreicht. Deshalb wird bei gleicher Temperatur aber zunehmendem Druck die Olefinbildung zurückgedrängt. Wachsender Druck begünstigt Reaktionen höherer kinetischer Ordnung. Je nach angewandtem Druck variiert die Zusammensetzung der Endprodukte. Hoher Druck begünstigt die Bildung von Hydroperoxyden aus Peroxyradikalen und gleichzeitig die bimolekulare Zersetzung zu Oxyradikalen. Die Alkoxyradikale bilden leicht Alkohole. Bei niederem Druck treten diese nur in geringen Mengen auf.

5.3. Der Einfluß von Katalysatoren

Die meisten technischen Gasphasenoxydationen erfolgen katalytisch.

5.3.1. *Die homogene Katalyse*

Sie erfolgt durch Zusatz gasförmiger Initiatoren wie HCl, NO_2, Cl_2, O_3 u. a., deren Wirkung schon bei der Flüssigphasenoxydation besprochen wurde. Die Gegenwart von HBr erniedrigt bei vielen Paraffinen die Oxydationstemperatur bis zu 200°. Bekanntlich kann bei der Flüssigphasenoxydation die Induktionsperiode durch energiereiche γ-Strahlung verkürzt werden. Gleiches günstiges Ergebnis ergibt die Anwendung radioaktiver Edelgase, wie ^{133}Xe, ^{85}Kr und ^{41}Ar als Zusatz zum Sauerstoff bei der Gasphasenoxydation.

Neben den positiven Katalysatoren kennt man gasförmige Zusätze, die die Oxydationsreaktion verzögern, bzw. lenken. Tertiäre aliphatische Amine sind Inhibitoren der Oxydation von Acetaldehyd. 1–2% Triäthylamin verhindert längere Zeit die Oxydation, während gleiche Verbindung bei der Gasphasenoxydation von Diäthyläther unwirksam ist.

5.3.2. *Die heterogene Katalyse*

Die Umsetzung der gasförmigen Produkte mit Sauerstoff erfolgt an der Oberfläche des festen Katalysators. Eine sogen. Fernwirkung der festen Katalysatoroberfläche gibt es nicht. Die Gesamtreaktion durchläuft mehrere Stufen. Die gasförmigen Produkte kommen durch Strömung und Diffusion mit der Oberfläche des Katalysators in Berührung und werden adsorbiert. Nach der chemischen Umsetzung erfolgt die Desorption der Reaktionsprodukte und durch Strömung und Diffusion der Abtransport.

Als Katalysatoren werden meist Oxyde mehrwertiger Metalle, wie Kupfer, Mangan, Molybdän, Vanadin, Wolfram u. a. angewandt. Geht man von der Grundvorstellung aus, daß die Katalysatoren den Radikalkettenmechanismus fördern, ergibt sich folgendes allgemeine Schema:

$$\begin{aligned} RH + X &\rightarrow R\cdot + HX \\ R\cdot + O_2 &\rightarrow ROO\cdot \\ ROO\cdot + HX &\rightarrow ROOH + X \end{aligned}$$

Der Kontakt wirkt primär als Wasserstoffacceptor und bildet Radikale. Schon bei der Flüssigphasenoxydation lernten wir die primären Katalysatoren kennen. Das sich sofort bildende Peroxyradikal entreißt dem „reduzierten Kontakt" den Wasserstoff und bildet Hydroperoxyd Dessen Zerstörung kann auf der Oberfläche des Katalysators erfolgen, aber auch im Reaktionsraum. Die gebildeten radikalischen oder unradikalischen Spaltprodukte unterliegen der unkatalytischen Oxydation.

$$R{-}CH_2{-}OOH \xrightarrow{\Delta T} R{-}CH{=}O + H_2O \qquad (32)$$

$$\xrightarrow{\Delta T} R\cdot + CH_2{=}O + \cdot OH$$

$$\xrightarrow{\Delta T} R{-}CH_2{-}O\cdot + \cdot OH \qquad (33)$$

Diese Erklärung ist nicht ausreichend. Gerade die Tatsache, daß Kohlenwasserstoffe in Abwesenheit von Sauerstoff durch Metalloxyde wie V_2O_5 oxydiert werden, widerlegt die Annahme einer radikalischen Oxydation in Gegenwart von festen Metalloxyden als Katalysatoren. V_2O_5 oxydiert o-Xylol zu Phthalsäureanhydrid. Es liegt eine unradikalische Zwischenstoffkatalyse vor. Sie ist vergleichbar mit der Oxydation von SO_2 zu SO_3. Nach der Chemisorption des Kohlenwasserstoffes und des Sauerstoffes an der Katalysatoroberfläche oxydiert das höherwertige Metalloxyd den Kohlenwasserstoff. Der anwesende Sauerstoff führt den Kataylsator in das Ausgangsoxyd zurück. Die Desorption der Oxydationsprodukte beendet die katalytische Reaktion. Der langsamste

Vorgang bestimmt die Geschwindigkeit der Gesamtreaktion. Die Adsorption und Desorption sind bei gleichem Katalysator von der angewandten Temperatur abhängig.

5.3.3. *Die katalytische Wirkung der Oberfläche der Reaktionsgefäße*

Dieser Einfluß ist sehr kompliziert. Die Oberfläche der Reaktionsgefäße fördert oder hemmt Kettenabbruchreaktionen. Die Rekombination der freien Radikale erfolgt je nach Art der Oberfläche verschieden.

Eine saure Oberfläche fördert z. B. die Vereinigung zweier HOO-Radikale unter Bildung von H_2O_2 und O_2. Eine Metallsalz- oder Metalloxydoberfläche führt zu H_2O + Sauerstoff. Das Wasserstoffperoxyd kann in OH-Radikale zerfallen und neue Ketten initieren, während dies für H_2O nicht zutrifft. Obwohl die Rekombination der HOO-Radikale allgemein gefördert wird, führt die saure Oberfläche nicht zu einem wirksamen Kettenabbruch.

Die Rolle der aktiven Oberfläche wird bei der Gasphasenoxydation ebenfalls ausgenutzt. Die unkatalysierte Umsetzung kann im Reaktor durch fein verteilte inerte Teilchen beeinflußt werden. Ein weiterer Vorteil besteht in der besseren Temperaturbeherrschung. Die verschiedenen Rekombinationsvorgänge werden an der Oberfläche der Inertteilchen begünstigt. Hohe Umsätze sind ohne Verschlechterung der Ausbeute möglich.

5.4. *Die Gasphasenoxydation niederer Paraffine*

Die direkte Oxydation von Methan führt zu Formaldehyd und Methanol. Die Abwesenheit eines Katalysators garantiert folgenden radikalischen Mechanismus:

$$CH_4 + O_2 \rightarrow \cdot CH_3 + \cdot OOH$$

$$\cdot CH_3 + O_2 \rightarrow CH_3{-}OO\cdot \rightarrow CH_2{=}O + \cdot OH \quad (34)$$

$$CH_3{-}OO\cdot + CH_4 \rightarrow CH_3{-}OOH + \cdot CH_3$$

$$\cdot CH_3 + \cdot OH \rightarrow CH_3OH$$

$$CH_4 + \cdot OH \rightarrow \cdot CH_3 + H_2O$$

(Zersetzung von $CH_3{-}OOH$ nach Gleichung 32 u. 33)

Die unkatalytische Gasphasenoxydation führt bei 460° und 20 atü nach Gleichung 34 hauptsächlich zu Formaldehyd, wenn das Oxydationsgemisch Methan zu Luft sich wie 10:1 zusammensetzt. Im Gegensatz zur Flüssigphasenoxydation ist kein Sauerstoffüberschuß vorhanden. Die C-Radikale können sich nicht sofort mit O_2 umsetzen. Die Bildung der Primärradikale verbraucht Energie, während die Umsetzung mit Sauerstoff zu Peroxyradikalen der exothermste Vorgang der Gesamtreaktion ist. Ein Umsatz von 6–8% Methan bei einer Verweilzeit von 2–3 Sek. im Reaktor ergibt beispielsweise 20–25% Formaldehyd und gleiche Mengen Methanol neben wenig Acetaldehyd. Wird der Druck auf über 50 atü erhöht, steigt die Ausbeute an Methanol bis zu 50%.

Durch vollständige Verbrennung eines beträchtlichen Teils des umgesetzten Kohlenwasserstoffes entsteht eine hohe Reaktionswärme.

Die Dehydrierung von Äthan zu Äthylen mit Sauerstoff hat sich bewährt. Analog der Methanoxydation gelingt die Gewinnung von Äthanol, Acetaldehyd, Methanol und Formaldehyd aus Äthan. Die Umsetzung der niederen Kohlenwasserstoffe mit O_2 soll am Beispiel der Gasphasenoxydation von Propan erläutert werden.

Die Oxydation wird meist in einem Durchflußreaktor bei 350–475° durchgeführt. Das Propan-Sauerstoffverhältnis kann beträchtlich schwanken, gleichfalls je nach Temperatur die Verweilzeit der Gasmischung im Reaktor. Die Tabelle 8 zeigt die veränderliche Zusammensetzung der Oxydationsprodukte bei verschiedenen Reaktionsbedingungen. Das Molverhältnis von Propan zu Sauerstoff betrug immer 5,6.

Tab. 8 Ausbeuten der Propanoxydation unter angegebenen Bedingungen bezogen auf 100 Mol Propan

Endprod.	Verweilzeit 11,8 sec Temp. 380°	Verweilzeit 5,1 sec Temp. 380°	Verweilzeit 4,5 sec Temp. 475°
C_3H_8	68,1 Mol	78,0 Mol	57,7 Mol
H_2O	11,3 ,,	4,7 ,,	16,9 ,,
C_3H_6	5,1 ,,	2,3 ,,	11,4 ,,
Aldehyde	3,8 ,,	1,4 ,,	1,0 ,,
CH_3OH	3,0 ,,	0,7 ,,	0,8 ,,
H_2O_2	1,7 ,,	0,48 ,,	0,13 ,,
C_2H_4	1,0 ,,	0,2 ,,	8,1 ,,
CO_2	0,5 ,,	0,2 ,,	0,2 ,,
CO	4,0 ,,	0,9 ,,	3,4 ,,

Zuerst bildet sich ein Radikal an der CH_2-Gruppe. Dieses kann bei Temperaturen über 400° in Äthylen zerfallen. Die thermische Zerstörung von Tetra-n-propyl-blei bei über 400° bestätigte diese Auffassung.

$$CH_3-\underset{\cdot}{C}H-CH_3 \xrightarrow{400^\circ} CH_2{=}CH_2 + \cdot CH_3$$
$$\xrightarrow{400^\circ} CH_3-CH{=}CH_2 + H\cdot$$

Die Propylenbildung aus dem C-Radikal des Propans ist von untergeordneter Bedeutung, da auch bei höheren Temperaturen nur wenig Wasserstoff nachgewiesen werden konnte. Die C—C-Bindung hat eine um ca. 15—20 kcal geringere Dissoziationsenergie als eine C—H-Bindung der CH_3-Gruppe.

Das Dimere — 2.3-Dimethylbutan — konnte in keinem Falle nachgewiesen werden. Neben Methan treten geringe Mengen von Äthan, sowie Spuren von n-Butan, Isobutan und n-Pentan auf. Außer Äthylen und Propylen wurden keine anderen Olefine gefunden. Das bedeutet, daß die als Zwischenprodukte auftretenden CH_3- und C_3H_7-Radikale nur in geringem Maße miteinander reagieren.

Bevorzugt ist die Umsetzung der Propylenradikale mit Sauerstoff.

$$C_3H_7\cdot + O_2 \begin{cases} \nearrow C_3H_6 + \cdot OOH \\ \searrow CH_3-\underset{\displaystyle |\atop \displaystyle OO\cdot}{CH}-CH_3 \end{cases}$$

Parallel zu den Olefinen bildet sich H_2O_2. Pro Mol Propylen müßte 1 Mol Wasserstoffperoxyd entstehen. Der starke Anfall von Wasser kann nur durch die H_2O_2- bzw. HOO-Radikalzerstörung erklärt werden. Die H_2O_2-Spaltung erfolgt als Wandreaktion, durch bimolekulare Reaktion mit anderen organischen Verbindungen der Gasphase oder durch Zerfall in OH-Radikale. Dieser Zerfall spielt infolge der notwendigen hohen Aktivierungsenergie keine entscheidende Rolle.

Die Zersetzung von H_2O_2 erfolgt selbst in Gefäßen mit relativ inertem Material sehr rasch. Bei einer Borsilikatoberfläche bleibt ein großer Teil des Wasserstoffperoxydes unzerstört.

Die sauerstoffhaltigen Oxydationsprodukte entstehen aus dem Peroxyradikal. Bei den herrschenden hohen Temperaturen zersetzt es sich sofort (Seite 171). Das Methoxyradikal ist verantwortlich für die Bildung von Methanol, CO und eines gewissen Teiles des Wassers.

$$CH_3O\cdot + C_3H_8 \longrightarrow CH_3OH + C_3H_7\cdot$$
$$CH_3O\cdot + O_2 \longrightarrow CO + H_2O + \cdot OH$$

Formaldehyd bildet sich nicht nachträglich aus dem Methanol, sondern aus dem CH_3-Radikal. Gleiches gilt für Methan (Gleichung 34).

Sehr interessant ist im Vergleich zur betrachteten Propanoxydation in der Gasphase die Flüssigphasenoxydation von n-Butan unter Zusatz von 0,5% NO_2. Essigsäure und Methyläthylketon entstehen als Hauptprodukte.

5.5. Die Gasphasenoxydation der Olefine

5.5.1. Die Olefinoxydation mit Palladiumkatalysatoren

Im Jahre 1894 beobachtete F. C. PHILLIPS, daß eine wäßrige Lösung von $PdCl_2$ Äthylen zu Acetaldehyd oxydiert. Die anfangs braune Lösung wurde durch das sich abscheidende metallische Palladium schwarz. Diese Beobachtung fand keine technische Anwendung, weil der stöchiometrische Verbrauch von $PdCl_2$ bei der Herstellung von Acetaldehyd ungünstig ist.

Bei der Umsetzung bildet sich ein Palladiumchlorid-Äthylen-Komplex. In nicht wäßrigem Medium konnte

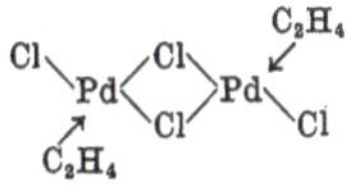

ein dimerer Komplex isoliert werden. In Gegenwart von Wasser zerfällt er in Pd und Acetaldehyd.

$$CH_2{=}CH_2 + PdCl_2 + H_2O \rightarrow CH_3{-}CH{=}O + Pd + 2\,HCl$$

Diese Gesamtreaktion zerfällt in zwei Teilschritte, in die Komplexbildung und -hydrolyse. Die Komplexbildung ist eine Gleichgewichtsreaktion. Mit zunehmender Größe des Olefins wird das Gleichgewicht zu ungunsten der Komplexbildung verschoben. Dadurch verringert sich die Rate der Oxydation vom Äthylen über Propylen zu den Butylenen.

Das Gleichgewicht wird weiterhin von anderen Komplexbildnern wie Halogenidionen beeinflußt. Starke Cl^--Ionenkonzentration führt zur Verringerung der Olefinaufnahme.

$$[PdCl_4]^{(-)(-)} + \mathit{Olefin} \rightleftharpoons [Pd\,(\mathit{Olefin})\,Cl_3]^{(-)}Cl^{(-)}$$

Die Gesamtreaktion ist temperaturabhängig, weil besonders die Komplexhydrolyse bei niedriger Temperatur geringe Werte besitzt und damit die Geschwindigkeit der Gesamtumsetzung bestimmt. Neben den komplexbildenden Ionen wird die Reaktion auch durch Protonen beeinflußt. Je größer die Konzentration der Protonen, desto geringer die Rate der Komplexhydrolyse, desto geringer die Geschwindigkeit der Gesamtreaktion.

Die Stabilität der gebildeten Komplexe ist unterschiedlich. Olefine mit höherem Molekulargewicht bilden stabilere Komplexe. Die größere Stabilität eines Komplexes führt zur größeren Beständigkeit gegenüber der Hydrolyse.

Der nukleophile Angriff von $OH^{(-)}$-Ionen oder Hydroxo-Liganden des Palladiums und die Hydridwanderung ist typisch für die Reaktion. Der Sauerstoff für die Oxydation des Olefins stammt aus dem Wasser, während kein H-Atom des Wassers mit übernommen wird. Das $Pd^{(+)(+)}$-

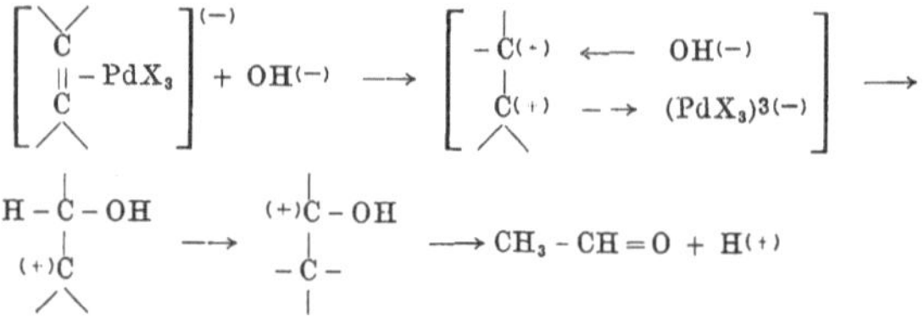

Ion entreißt dem Komplex zwei Elektronen. Als Zwischenprodukt könnte auch Vinylalkohol gebildet werden. Wird die Komplexhydrolyse in 99,7%igem schwerem Wasser durchgeführt, kann trotzdem im Acetaldehyd kein Deuterium nachgewiesen werden. Das abgespaltene Proton stammt aus dem $OH^{(-)}$-Ion. Vinylalkohol bildet sich nicht als Zwischenprodukt.

Die technische Ausnützung wäre möglich durch ständige Oxydation des abgeschiedenen metallischen Palladiums. Die Oxydation des Pd mit O_2 in salzsaurer Lösung zu $PdCl_2$ verläuft sehr langsam und beträgt $^1/_{100}$ der Oxydationsreaktion des $PdCl_2$. Das Palladium kann auch mit anderen Oxydationsmitteln wie $Fe_2(SO_4)_3$, $K_2Cr_2O_7$, $K_2S_2O_8$ u. a. oxydiert werden. Am günstigsten liegen die Verhältnisse beim $CuCl_2$, da das CuCl von Sauerstoff sehr rasch oxydiert wird.

$$2\,CuCl_2 + Pd \rightarrow 2\,CuCl + PdCl_2$$

$$2\,CuCl + 2\,HCl + {}^1/_2O_2 \rightarrow 2\,CuCl_2 + H_2O$$

Der Sauerstoff dient zur ständigen Erneuerung des $CuCl_2$, welches wiederum das Pd zum $Pd^{(+)(+)}$ und dieses das Äthylen oxydiert.

Technisch wird die Äthylenoxydation als Ein- und Zweistufenverfahren verwirklicht. Beim Zweistufenverfahren wird im ersten Abschnitt die Sauerstoffoxydation des Katalysatorgemisches durchgeführt und in der zweiten Stufe erfolgt die Umsetzung mit dem Äthylen oder anderen Olefinen. Das Äthylen wird beim einmaligen Durchgang bis zu 99% verwertet, wenn mittlere Temperatur und mäßiger Überdruck angewandt werden. Das Einstufenverfahren führt dem Reaktor Äthylen + Sauerstoff zu. Um eine Explosion des Gemisches zu vermeiden, wird die Sauerstoffkonzentration gering gehalten. Die Gesamtreaktion ist abhängig von Druck, Temperatur, Zusammensetzung des Katalysators und Äthylen-Sauerstoffangebot. Entsprechend den Reaktionsbedingungen stellt sich ein stationäres Gleichgewicht ein. Reduktion und Oxydation verlaufen mit gleicher Geschwindigkeit. Beim Einstufenverfahren wird nur ein gewisser Teil des Äthylens umgesetzt, deshalb arbeitet man mit Kreislaufgas.

Auch andere Edelmetallsalze wie $PtCl_2$, $PtCl_4$, $IrCl_4$, $IrCl_3$, $RuCl_3$ und $RhCl_3$ eignen sich für die Äthylenoxydation. Ihre Fähigkeit, mit Olefinen Komplexe zu bilden, ist geringer als die von $PdCl_2$. Die drei Anforderungen an den Katalysator — niedriges Normalpotential, leichte Komplexbildung mit Äthylen und rasche Komplexhydrolyse — werden am besten von $PdCl_2$ erfüllt.

Auch andere Olefine werden oxydiert. Der nucleophile Angriff des $OH^{(-)}$-Ions erfolgt entsprechend der Regel von Markownikow. Aus Propylen entsteht Aceton, α-Olefine bilden Methylketone. In unbedeutender Menge entsteht aus Propylen Propionaldehyd. Das OH-Anion lagert sich in geringem Maße auch an das andere C-Atom an, weil die notwendige Energie zur Abspaltung des Hydridions am C-Atom 1 und 2 sich nur gering unterscheidet. Mit steigender Reaktionstemperatur spielt die Energiedifferenz eine immer geringere Rolle, wie der zunehmende Aldehydgehalt erkennen läßt. Diene reagieren ebenfalls mit $PdCl_2$. Butadien gibt zuerst Crotonaldehyd, als Endprodukt fällt 1.3.5-Triacetylbenzol an, entstanden aus 3-Ketobutyraldehyd, dem Endprodukt der Oxydation. Im sauren Medium kondensiert dieses zum 1.3.5-Triacetylbenzol.

Auch andere mehrfach ungesättigte Verbindungen mit zusätzlicher Carbonyl-, Carboxyl- oder Nitrogruppe werden in wäßriger Lösung durch $PdCl_2$ oxydiert. Die ungesättigten Amine reagieren unter Abspaltung des Aminosticktoffes mit $PdCl_2$ und bilden Aldehyde, während ungesättigte Nitrile und Nitroverbindungen normal reagieren. Aus Allylamin entsteht Propionaldehyd, aus Allylnitril das α-Ketonitril und aus 1-Nitropropylen-1 das Nitroaceton.

5.5.2. Die Oxydation von Äthylen zu Äthylenoxyd

Als einfachstes Olefin nimmt es bei der Oxydation eine Sonderstellung ein. Der Sauerstoff kann nicht in Nachbarstellung zur Doppelbindung angreifen. Silber als wirksamer Katalysator begünstigt die Epoxydbildung. Die

$$2\ CH_2{=}CH_2 + O_2 \longrightarrow 2\ \underset{\diagdown O \diagup}{CH_2{-\!\!-}CH_2} + 56\ \text{kcal}$$

$$2\ CH_2{=}CH_2 + 6O_2 \longrightarrow 4\ CO_2 + 4H_2O + 631\ \text{kcal} \qquad (35)$$

Reaktion nach Gleichung 35 kann nicht völlig verhindert werden. Wichtig ist die schnelle Wärmeabfuhr, da sonst ein Wärmestau eintritt. Bei erhöhter Temperatur ist die Verbrennungsreaktion bevorzugt. Die ansteigende Wärmetönung führt zu solch hohen Temperaturen, daß es zur Entzündung des Reaktionsgemisches kommt.

Wie Simakow annimmt, führt die aktive Silberoberfläche des Katalysators in Gegenwart von Sauerstoff bei über 200° zur kurzzeitigen Bildung von Silberperoxyradikalen. Diese reagieren mit Äthylen zu Äthylenoxyd, und das gleichzeitig entstehende Silberoxyd katalysiert, wie auch andere einwertige Metalloxyde, die totale Verbrennung des Äthylens. Ohne die Verhinderung dieser ungünstigen katalytischen Nebenwirkung entsteht in bedeutenden Mengen CO_2 und H_2O, wird wertvolles Äthylen nutzlos verbrannt.

Die katalytische Wirkung der Silberoxyradikale erstreckt sich auch auf Kohlenwasserstoffe und Aldehyde, mit denen es schneller als mit dem passiven Äthylen reagiert. Methan, Äthan, Formaldehyd oder Acetaldehyd wirken daher stark hemmend. Günstiger wirkt sich der Zusatz von Substanzen aus, die das entstandene Silberoxyd neutralisieren und damit ausschalten. Dichloräthan führt zum Silberchlorid. Verwendet man als Inertgas CO_2, bildet sich Silbercarbonat. Im letzteren Fall kann die Selektivität der Reaktion nach Simakow soweit erhöht werden, daß 90% des umgesetzten Äthylens Äthylenoxyd ergibt.

Äthylenoxyd bildet sich auch mit Sauerstoff aus Äthylen in Gegenwart von Salzlösungen, die das Äthylen in Form von Koordinationsverbindungen festhalten. Die Chloride des Kupfers, Zinks, Silbers, Aluminiums und Quecksilbers sind dazu in der Lage. Bei der Umsetzung mit Sauerstoff bildet sich Äthylenoxyd und eine Metalloxydverbindung, die im sauren Bad ständig in das Metallsalz zurückgeführt wird.

Die Gasphasenoxydation des Äthylens arbeitet als Kreislaufverfahren mit Temperaturen zwischen 220 und 280° und geringem Überdruck, wobei ca. 4% Äthylen und 7% O_2 neben restlichem Inertgas dem Katalysator zugeführt werden. Die Gasphasenoxydation höherer Olefine zu den entsprechenden Epoxyden ist bisher nicht mit befriedigenden Ausbeuten gelungen.

Das gebildete Silberperoxyradikal wirkt bei Olefinen mit benachbarter CH_2-Gruppe nicht selektiv zugunsten der Epoxydbildung. Die Flüssigphasenoxydation von Propylen bei 130° unter Druck in Gegenwart von Lösungsmitteln wie Benzol und Polymerisationsinhibitoren führt teilweise zum Propylenoxyd. Das gebildete Epoxyd muß aber ständig durch Extraktion von dem ebenfalls entstehenden Wasser und den gebildeten Säuren getrennt werden.

5.5.3. *Ungesättigte Aldehyde aus Olefinen*

Die selektive Oxydation des Propylens zu Acrolein gelingt mit verschiedenen Katalysatoren. Die durch Halogenzusatz verlaufende homogene Gasphasenoxydation ergibt durch gleichzeitige Verwendung von Tellur-oxyd gute Ausbeuten an Acrolein. In Nachbarstellung zur Doppelbindung oder zum aromatischen Kern bildet sich eine Aldehydgruppe. Aus Isobutylen entsteht Meth-acrolein, aus Toluol Benzaldehyd. Metallisches Kupfer auf Silikagel niedergeschlagen, Selendioxyd oder Kupfer-(I)oxyd auf Korund führen bei 300° ebenfalls zur selektiven Umsetzung der Olefine, wenn gleichzeitig ein bestimmtes Verhältnis von Olefin zu Sauerstoff eingehalten wird.

5.5.4. *Gesättigte Aldehyde oder Ketone aus Olefinen*

Die homogene Gasphasenoxydation von Propylen unter Zusatz geringer Mengen NO führt zur bevorzugten Bildung von Propionaldehyd. Unter gleichen Bedingungen entsteht aus Cyclohexen das Cyclohexanon.

5.5.5. *Maleinsäureanhydrid aus Olefinen*

Als Ausgangsprodukt kommen Buten, Butadien und Cyclopentadien zur Anwendung. Die Katalysatoren enthalten meist die Oxyde des Phosphors und Molybdäns. Sie geben höhere Ausbeuten als die reinen V_2O_5-Katalysatoren. Die Oxydation erfolgt im Temperaturbereich von 250–400°.

5.6. Die Gasphasenoxydation aromatischer Verbindungen

Benzol, Toluol, Xylole und Naphthalin werden großtechnisch oxydiert. Aus Benzol entsteht als Hauptprodukt Maleinsäureanhydrid neben Fumarsäure und Benzochinon. Ähnlich verläuft die Oxydation des Naphthalins

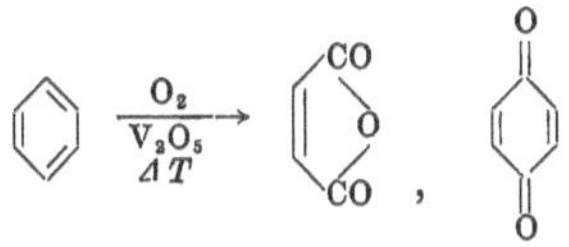

zu Phthalsäureanhydrid. Die Ausbeute beträgt bis zu 85% der Theorie an Anhydrid. Als Nebenprodukte fallen Maleinsäureanhydrid, Chinone, sowie CO_2 und H_2O an. In beiden Fällen werden V_2O_5-Katalysatoren und Temperaturen von 380–500° angewandt. Phthalsäureanhydrid entsteht auch durch katalytische Oxydation von o-Xylol. Diese Reaktion besitzt gegenüber der Naphthalinoxydation eine geringere Reaktionswärme. Mit gleichartigen Katalysatoren entstehen aus Anthracen Anthrachinon, aus Toluol Benzoesäure und aus 1-Buten Maleinsäureanhydrid.

Neben reinen V_2O_5-Kontakten kommen besonders mit K_2O aktivierte oder Schmelzkatalysatoren aus V_2O_5 und anderen Metalloxyden wie SnO_2, TiO_2, ZrO_2, Al_2O_3 u. a. zur Anwendung. Die Untersuchungen des V_2O_5-Kontaktes ergaben, daß drei Kristallformen V_2O_4, $V_2O_{4\cdot34}$ und V_2O_5 auftraten. V_2O_4 und V_2O_3 sind unwirksame Verbindungen. Die aktive katalytische Wirkung beschränkt sich auf $V_2O_{4\cdot34}$ und V_2O_5 und während der Umsetzung zeitweilig auftretende Zwischenstrukturen.

Bei konstanten Reaktionsbedingungen charakterisiert durch Temperatur, Zusammensetzung des Gasgemisches und Verweilzeit stellt sich auf der Katalysatoroberfläche ein bestimmtes Verhältnis der drei Vanadinoxydverbindungen ein. Normalerweise wird Luft mit 1% Kohlenwasserstoffdampf bei 400–500° über das Katalysatorbett geleitet, mit Verweilzeiten von ca. 0,2 Sek. Pro 100 kg Naphthalin werden durchschnittlich 70–90 kg Phthalsäureanhydrid erhalten.

5.7. Die Gasphasenoxydation von Benzol zu Phenol

Die Verwirklichung der Oxydation von Benzol zu Phenol gelingt noch nicht in gewünschtem Umfange. Die Schwierigkeit liegt in der besonders stabilen C–H-Bindung des aromatischen Kerns. Temperaturen von mindestens 600° sind zur Spaltung notwendig. Die C–H-Bindungsenergie beträgt beim Benzol 102 kcal pro Mol. Die bei diesen hohen Temperaturen gebildeten primären Oxydationsprodukte sind instabil und unterliegen weiteren unerwünschten Umsetzungen.

Die heterogene Katalyse stieß anfangs auf Schwierigkeiten. Das entstehende Phenol wird von der Kontaktoberfläche bevorzugt adsorbiert. Aber auch die bekannten Aktivatoren der homogenen Gasphasenoxydation führten beim Benzol zu keinem befriedigenden Ergebnis. Als Katalysatoren kommen besonders die Mischoxyde des Al, Si, P, V, Cr zur Anwendung, als Promotoren bewährten sich die Oxyde des Al und Zn. Trotz der vielfältigten Versuche im Temperaturbereich von 450–800°, bei Anwendung verschiedenster Festbettkatalysatoren mit variiertem Promotorzusatz selbst unter Druck bis 500 atü, bei homogener Katalyse mit HBr oder HNO_3 liegt die durchschnittliche Ausbeute bei einem Umsatz von 3–8% Benzol bei höchstens 50% Phenol.

Die Anwendung homogener und heterogener Katalysatoren gestattet, die Oxydation des Benzols bei niederen

Temperaturen durchzuführen. Besonders bewährt haben sich die organischen Promotoren, wie Paraffine, Olefine und auch Äther bei der homogenen Katalyse. Der zugesetzte Kohlenwasserstoff wird oxydiert, liefert die notwendigen aktiven Radikale zur Sprengung der C—H-Bindung des Benzols. Cyclohexan wird nicht so schnell oxydiert wie Cumol, dafür sind seine Oxydationsprodukte instabiler. Dies ist für die Initiierung der weiteren Oxydation wichtig.

Während gereinigtes Benzol unkatalysiert bei über 650° in geringen Mengen Phenol ergibt, entsteht bei ca. 550° bei Zusatz von 5—10% des Kohlenwasserstoffes bis zu 25% Phenol. Die Ausbeute ist abhängig von der Temperatur, der Menge und Art des zugesetzten Kohlenwasserstoffes. Die homogene Katalyse mit HBr gelingt schon bei 500°. Ein 5%iger Zusatz ergibt bis zu 35—40% Phenol. Wird zusätzlich Kohlenwasserstoff als Promotor beigefügt, liegt die beste Phenolausbeute bei Temperaturen unter 300° nahe 50%. Wie bei den anderen Versuchen liegt aber die Gesamtumsetzung des Benzols sehr ungünstig.

Das erste Zwischenprodukt der Benzoloxydation ist das Phenylradikal. Die teilweise eintretende Dimerisation führt zum Diphenyl, welches in beträchtlichen Mengen neben anderen höhermolekularen Kohlenwasserstoffen anfällt. Durch Umsetzung mit Sauerstoff bildet sich aus dem Phenylradikal über das Peroxyradikal das Phenoxyradikal, Grundlage der Phenolbildung. Hydrochinon und andere mehrwertige Phenole, Diphenylenoxyd und α-Hydroxydiphenyl entstehen als Nebenprodukte der Oxydation. CO, CO_2 und H_2O sind das Ergebnis der vollständigen Verbrennung gewisser Mengen Benzol.

Die elektrische Glimmentladung stellt eine weitere Methode der Phenolgewinnung bei verhältnismäßig niederen Temperaturen (100—300°) dar. Ausbeuten von 25% Phenol wurden bei 10—15%igem Umsatz des Benzols erhalten. Die Oxydation wird bei vermindertem Druck durchgeführt.

6. Literaturverzeichnis

[1] R. Criegee: Herstellung und Umwandlung von Peroxyden, Methoden der organischen Chemie (Houben-Weyl) Bd. VIII, Georg-Thieme-Verlag, 4. Auflage, 1952

[2] R. Criegee: Organische Peroxyde, Fortschritte der Chemischen Forschung, Bd. I, Springer-Verlag 1949/50

[3] A. v. Tobolsky u. R. B. Mesrobian: Organische Peroxyde, New York, 1950.

[4] C. Walling: Freie Radikale in Lösung, New York, 1957.

[5] G. O. Schenk u. Mitarbeiter: über photosensibilisierte Autoxydation, Liebigs Ann. Chem. **603** (1957), 46; **584** (1953), 125; **618**, (1958), 185

[6] H. Hock u. H. Kropf: Autoxydation von Kohlenwasserstoffen und die Cumol-Phenolsynthese, Angew. Chem. **69** (1957), 313

[7] W. Kern u. H. Willersinn: Über die Autoxydation ungesättigter Verbindungen, Makromol. Chem. **15** (1955), 1

[8] E. Leibnitz u. Mitarbeiter: Studien über die Oxydation von n-Alkanen bei niederer Temperatur (100—130°) mit Luft zu vorwiegend Fettsäuren, J. prakt. Chem. [4], **1** (1954) 337; [4], **6** (1958), 145

[9] W. Treibs zum 70. Geburtstag, Akademie-Verlag, Berlin, 1960

[10] A. Rieche: Autoxydationsversuche an Modellsubstanzen zur Frage der Fettautoxydation; Fette, Seifen, Anstrichmittel **64** (1962), 198

[11] M. Dyck: Der Chemismus der Öltrocknung, Farbe u. Lack **67** (1961), 442

[12] K. U. Ingold: Die Verhinderung der Autoxydation von organischen Verbindungen in flüssiger Phase, Chem. Reviews, **61** (1961), 563

[13] D. Swern: Organische Persäuren, Chem. Reviews **45** (1949), 1

[14] W. Pritzkow: Über die Autoxydation von Ketonen, Chem. Ber. **87** (1954), 1668; **88** (1955), 572

[15] A. Rieche: Die Oxydation organischer Verbindungen mit Luft—Sauerstoff, Angew. Chem. **50** (1937), 520

[16] A. RIECHE: Über Peroxyde der Äther ..., Angew. Chem. **70** (1958), 251

[17] J. SMIDT u. Mitarbeiter: Olefinoxydation mit $PdCl_2$-Katalysatoren, Angew. Chem. **74** (1962), 93; **71** (1959), 176

[18] B. N. DOLGOW: Katalyse in der organischen Chemie, VEB Deutscher Verlag der Wissenschaften Berlin, 1963

[19] E. G. E. HAWKINS: Organische Peroxyde, London 1961

[20] A. RIECHE, E. SCHMITZ und M. SCHULZ: Peroxygenierung organischer Verbindungen, Z. Chem. **3** (1963), 443

[21] F. BROICH: Theoretische Grundlagen der Butan-Oxydation, Chemie-Ing.-Techn. **36** (1964), 417

[22] H. HÖFERMANN: Die Butan-Oxydation zur Herstellung von aliphatischen Säuren und Lösungsmitteln, Chemie-Ing.-Techn. **36** (1964), 422

7. Sachregister

Der Verfasser

- **gibt eine übersichtliche Einführung in die Mannigfaltigkeit der Oxydationsreaktionen von organischen Verbindungen und verknüpft dabei die theoretischen und praktischen Probleme eng miteinander**

- **behandelt die allgemeinen Gesetzmäßigkeiten der radikalischen, photochemischen und ionischen Oxydation sowie der Flüssig- und Gasphasenoxydation**

- **legt die Oxydationsreaktionen an den bekanntesten Verbindungsklassen wie Paraffinen, Olefinen, Ketonen, Aldehyden, Äthern u. a. unter Berücksichtigung der neuesten experimentellen Arbeiten dar**

WISSENSCHAFTLICHE TASCHENBÜCHER

Kolibri 360 GmbH
Ferdinand-Jühlke-Straße 7
99095 Erfurt, Deutschland
produktsicherheit@kolibri360.de